四季
滋补汤

刘仕峰 主编

U0193947

江西科学技术出版社

江西·南昌

图书在版编目（CIP）数据

四季滋补汤 / 刘仕峰主编. -- 南昌 :江西科学
技术出版社，2019.5
ISBN 978-7-5390-6587-8

Ⅰ．①四… Ⅱ．①刘… Ⅲ．①保健－汤菜－菜谱
Ⅳ．①TS972.122

中国版本图书馆CIP数据核字(2018)第240907号

选题序号：ZK2017425
图书代码：B18221-101
责任编辑：李智玉 刘苏文

四季滋补汤
SIJI ZIBU TANG

刘仕峰　主编

摄影摄像	深圳市金版文化发展股份有限公司
选题策划	深圳市金版文化发展股份有限公司
封面设计	深圳市金版文化发展股份有限公司
出　　版	江西科学技术出版社
社　　址	南昌市蓼洲街2号附1号
	邮编：330009　电话：（0791）86623491　86639342（传真）
发　　行	全国新华书店
印　　刷	深圳市雅佳图印刷有限公司
开　　本	720mm×1020mm　1/16
字　　数	150 千字
印　　张	13
版　　次	2019年5月第1版　2019年5月第1次印刷
书　　号	ISBN 978-7-5390-6587-8
定　　价	39.80元

赣版权登字：-03-2019-049

目录
CONTENTS

目录
CONTENTS

PART 3／夏长篇——清补为主，养心解暑

目录
CONTENTS

PART 4 / 秋收篇——平补为主，养肺润燥

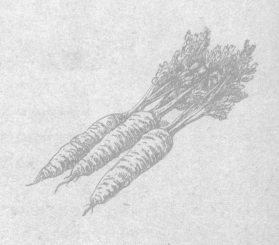

目录
CONTENTS

绪论——滋补汤里的养生密码

所谓"无汤不上席，无汤不成宴"，汤不但是餐桌上的一道菜，更是百姓保健进补的良方。我国自古以来就有"药食同源"的理论，药膳因其寓医于食、既养生又美味而备受人们青睐。滋补汤作为广受欢迎的家庭药膳，到底在制作和饮用上有哪些学问，翻开本书，马上为您解读滋补汤里的养生密码。

药食同源
是一家

中医学自古以来就有"药食同源"（又称为"医食同源"）的理论。这一理论认为：许多食物既是食物也是药物，同样能够防治疾病，食物与药物之间并无绝对的分界线。在原始社会里，人们在寻找食物的过程中发现了各种食物和药物的性味与功效，认识到许多食物可以药用，许多药物也可以食用，两者之间很难严格区分。这就是"药食同源"理论的基础，也是食物疗法的基础。

随着社会的发展和经验的积累，药食开始分化。在使用火后，人们开始食熟食，烹调加工技术逐渐发展起来。在食与药分化的同时，食疗与药疗也渐渐区分。《黄帝内经》对食疗提出了非常卓越的理论，如"大毒治病，十去其六；常毒治病，十去其七；小毒治病，十去其八；无毒治病，十去其九；谷肉果菜，食养尽之，无使过之，伤其正也"，这可谓最早的食疗原则。

由此可见，在中医学理论中，药与食的关系是既有同处，亦有异处。远古时代药食是同源的，经过几千年的发展，药食分化，若从今后的发展趋势来看，也可能返璞归真，以食为药，以食代药。

药膳
——寓医于食好处多

药膳是中国传统医学与烹调经验相结合的产物。它寓医于食，既将药物作为食物，又将食物赋以药用，药借食力，食助药威，二者相辅相成，相得益彰，不但具有较高的营养价值，而且可以防病治病、保健强身、延年益寿。

| 什么是药膳 |

药膳发源于我国传统的饮食和中医食疗文化，是在中医学、烹饪学和营养学理论的指导下，将药材与某些具有药用价值的食材巧妙搭配所制作而成的美食，兼具药品与食品的功用。

药膳在药物和食物的配伍、烹饪等方面，均以中医药学和烹饪学的基本理论为指导，重视性味与五脏之间的关系。不同的药膳，具有寒、热、温、凉四种不同的性质，如得了热病的人应食用寒性药膳，得了寒病的人应食用热性药膳。同时，药膳也具有五味的特点，即辛、甘、酸、苦、咸五种不同的味道，且辛入肺、甘入脾、酸入肝、苦入心、咸入肾。食用药膳与服药治病不同，对于无病之人，根据自身的体质合理选择药膳进食，可达到保健强身的目的；对于患病之人，可针对疾病的特点适当进食药膳，调养身体，增强体质，辅助药物发挥其药效，从而改善不良症状，加快康复。

| 药膳有哪些优点 |

药膳之所以备受人们推崇，成为居家养生的不二之选，是因为其具有以下优点：

第一，安全性高。在食用药膳时，要先根据所处的地理环境、季节时令，以及使用者的体质状况来判断其基本证型，然后确定相应的食疗原则，再进行适当的药膳调理或滋补。此外，将药材与食材进行合理配伍后，经过烹饪加工，成品不但营养丰富，而且药性平和，不良反应少，因而安全性高。

第二，疗效显著。药膳方主要来源于历代中医、中药文献，经过千锤百炼，在治病方面具有显著的疗效。药膳调理讲究慢调，不像西药那样起效迅速，因此药膳尤其适合慢性病患者食用。由于药膳是从根本上针对疾病，所以其防病强身、延年益寿的功效也是最持久的。

第三，方便易做。药膳材料大多数来自人们生活中常见的主、副食品，以及一些常用的中草药，很容易就能买得到。除了个别材料需要根据病情进行特殊烹制外，大部分药膳都采用日常菜肴的烹饪方法，易学易做。

第四，美味可口。药膳以食物为主，即使加入了部分药材，但由于注重药物性味的选择和烹制的方法，成品仍然保留着食物的色、香、味特性，口感非常不错，病人容易接受。

药膳食疗
的基本原则

药物是祛病救疾的，见效快，重在治病；药膳多用于养身防病，见效慢，重在养与防。药膳在保健、养生、康复中有着很重要的作用，但药膳不能代替药物。二者各有所长，又各有不足，应视具体的人与病情选定合适之法，不可滥用。此外，在使用药膳食疗时还应遵循一定的原则。

| 因时而异 |

中医认为，人与日月相应，人的脏腑气血的运行和自然界的气候变化密切相关。"用寒远寒，用热远热"，意思是说采用性寒的药物时，应避开寒冷的冬天，而采用性热的药物时，应避开炎热的夏天。这一观点同样适用于药膳。

| 因地而异 |

不同的地区，其气候条件与人们的生活习惯都有一定的差异，人体的生理活动和病理变化也会有所不同。地处潮湿者，饮食多温燥辛辣；地处寒冷者，饮食多热而滋腻；地处南方的广东，饮食多清凉甘淡。这些原则在药膳选料时同样适用。

| 因人用膳 |

人的年龄、体质不同，用药膳时也会有所差异。比如：小儿体质娇弱，药膳选料不宜大寒大热；老人多肝肾不足，用药不宜温燥；孕妇恐动胎气，不宜用活血化瘀之品等等。这些都是在使用药膳时应当注意的问题。

| 因证用膳 |

中医讲究辨证施治，药膳的使用也应在辨证的基础上选料配伍，如血虚的病人多选用大枣、花生等补血食物，阴虚的病人多选用枸杞、百合、麦冬等滋阴之品。只有因证用料，才能发挥药膳的保健作用。

滋补汤

——广受欢迎的家庭药膳

药膳按照形态分类，可分为流体类（包括汁类、饮类、酒类、汤类、羹类）、半流体类（包括膏类、粥类、糊类）和固体类（包括饭食类、糖果类、粉散类）。其中最受欢迎的当属汤类，滋补汤因其药食两用，既养生又美味，成为大众接受程度最高的家庭药膳。

为什么选择滋补汤

滋补汤的营养价值很高，因为汤料的营养成分会在熬制的过程中充分渗出，有70%以上的营养物质溶于汤中，其中包括蛋白质、维生素、钙、铁、磷、锌、氨基酸等人体必需的营养成分。从某种程度上讲，喝汤比吃菜更重要、更有益。例如，同样是鸡，煲鸡汤能使鸡肉中更多的营养成分渗出，而煎炒的鸡肉则容易丢失营养。

滋补汤有哪些优点

食材搭配灵活

蔬菜方面，无论是叶菜类、根茎类、瓜果类还是各种菌菇，都可以炖食；畜肉类主要有猪肉、牛肉、羊肉等，炖出来的汤都非常鲜美；禽蛋类主要有鸡肉、鸭肉、鹅肉、鹌鹑、鸽子、鸡蛋等食材；水产类包括各种淡水鱼、海水鱼、虾、蟹、贝类等。此外，五谷杂粮类也可以炖食，如各种豆类及豆制品、玉米、薏米等。

烹饪方法安全

　　滋补汤在烹饪过程中，主要以水作为加热介质，温度一般不会超过100℃，这样就能有效避免加热过度而产生的有害物质，让人吃得更安全、更健康。

保存较多营养

　　滋补汤在烹饪时需要加盖，与空气隔绝，从而最大限度地保存了食材的营养物质。经过长时间的小火慢炖后，食材也更容易被消化吸收，有益于肠胃健康。

制作滋补汤的主要器具

与入口食物紧密相关的锅具，在材质选择上必须谨慎。选择一口好锅，其耐用度也是考量的关键。下面就给大家介绍一下常用来制作滋补汤的各式器具。

陶锅

陶锅能让食材在烹煮过程中受热均匀，释放出有益于健康的远红外线能量，还能激发食材内部的水分子共振加热，保留食材的原味和完整营养，不但使食物鲜美，而且兼具养生功效。优质的陶锅耐高温，并且膨胀系数极低，不会出现使用几次就裂开的情况，在急剧的冷热温差变化下，也不会因热胀冷缩而骤裂，使用寿命更长久。

砂锅

砂锅是一种以砂质陶土为材料的锅具，没有上釉的称为瓦锅，一般市面上售卖的多为上釉砂锅。砂锅透气性佳，保温效果好，煮出来的汤也浓郁。但砂锅的缺点是容易裂开，使用寿命比较短，因此要常养锅、忌大火，才能延长使用寿命。

瓦锅

地道的老火汤在煲制时多选用质地细腻的瓦锅，其保温性能强，主要用于小火慢熬。一般来说，新买回来的瓦锅第一次应先用来煮粥，或在锅底抹油放置一天后再洗净煮一次水，经过这道开锅工序，瓦锅的使用寿命会更长。

不锈钢锅

不锈钢锅是家庭烹饪的好器具，价格亲民，易清洗好保养，用于煲汤效果尚可，在没有陶锅、砂锅的情况下，也是不错的选择。不锈钢锅之所以不如陶锅，主要在于不锈钢的温度主要靠火力维持，受热快散热也快，蓄热效果差，煤气的使用量也相对较多。用不锈钢锅煮汤，要注意控制火候，以免汤水挥发较快，容易烧干。

焖烧锅

焖烧锅的优点是节省能源和时间。不过要选择保温效果好的焖烧锅，才能做出好汤。焖烧出来的汤，食疗效果不亚于煲出来的汤，但味道偏清淡一些。因为焖烧效果再好，也不可能达到火的温度，若想口感更好，可以在喝汤之前，上炉烧20~30分钟，再加些许盐调味。

炖盅

炖盅的材质多为陶、瓷、紫砂，体积不会太大，而外面需要大一点的水锅。只要选好炖盅的材质，外面水锅的形式不拘。目前市售的电子炖锅安全性很高，是炖汤的理想选择。

　　大多数人以为，滋补汤都是火候足、时间长的老火汤，其实不然。除了慢火熬煮，滋补汤也有耗时短、上桌快的速成做法，味道同样甘甜鲜美，与老火汤相比毫不逊色。现在就简要地介绍几种制作滋补汤的常用技法，供大家按需使用。

制作滋补汤的常用技法

| 滚 | 滚汤多用于春夏季开胃汤品。其做法是将材料经刀工处理成较细的形状后，放入沸水中加热至熟，调味即成。

- 口感特点：**汤清味鲜，肉菜滑嫩。**

| 烩 | 烩汤多用于春夏季开胃汤品。其做法是将材料经刀工处理成较细的形状后，放入水中加热至微沸，淋入芡汁（太白粉、地瓜粉、马蹄粉与水调和），调味即成。

- 口感特点：**浓稠香滑。**

| 炖 | 炖汤多用于秋冬季诸如人参之类会挥发药性的材料炖补。其做法是将处理好的食材置于炖盅内，加入适量开水，加盖（要密闭性佳，如无盖可用炖盅密封纸）。把炖盅置于水锅内，加适量水隔水炖制，大火烧沸后，用小火煲至少3小时，要喝的时候再调味。

- 口感特点：**原汁原味，清爽鲜美。**

| 煲 | 煲汤四季皆可用。其做法是把处理好的食材，放进盛有材料约3～4倍水量的锅中，大火烧沸后，改小火加热约3～4小时至汤浓料绵，最后适当调味即成。

- 口感特点：**鲜甜浓郁、可口鲜美。**

制作滋补汤的若干要领

想要做出人人爱喝的滋补汤，技巧是必不可少的。下面总结了一些实用的制作要领，可以为美味加分。

｜ 汤料分量要计算 ｜

汤料分量的拿捏，以每个人所需分量乘以食用总人数为理想的计算方式。其中，肉类、海鲜平均每人约150克，蔬菜平均每人约200克，五谷杂粮平均每人约100克。

｜ 水量添加要合理 ｜

煮汤的基本水量，可根据喝汤的人数乘以每人喝的碗数来计算。例如：家中共4人，每人想喝2碗汤（每碗约200毫升），所需水量即为1600毫升。依照预定的熬煮时间，每小时再增加10%的水量（把熬煮过程中会蒸发的水量算入），如此即可计算出所需的总水量。例如：煮1小时的水量是1600毫升×1.1，煮2小时的水量是1600毫升×1.2，以此类推。如果是快速滚汤或羹汤，煮的时间较短，水不会很快蒸发，只需以喝汤人数的总水量乘以1.08计算即可。另外，不宜在中途加水，以免破坏汤料的鲜美。

| 熬煮时间要适度 |

研究显示，煮汤时间适度加长有助于营养物质的释放和吸收，但时间过长则会对营养成分造成一定的破坏。一般来说，汤料以含蛋白质较高的食材为主时，加热时间不宜过长，否则容易破坏氨基酸，营养价值反而降低。另外，倘若加热时间过长，会使食物中的维生素有不同程度的损失。如果汤里要放蔬菜，必须等汤煮好后随放随吃，以减少维生素的损失。畜肉汤煮1~1.5小时即可。鱼肉较细嫩，煮至汤色发白即可。滋补药材煮得过久营养会分解而失去补益作用，应控制在40分钟左右。

| 火候大小要恰当 |

煮汤的诀窍在于——武火煮开，小火煮透。武火是以汤中央"起菊心"（像一朵盛开的菊花）为度，每小时消耗的水量约为20%；小火是以汤中央呈"菊花心"（像一朵半开的菊花）为度，每小时消耗的水量约为10%。如此煮制，便不容易出错。

| 冷水热水要区分 |

炖肉宜用热水，而熬骨头汤则宜用冷水。肉味鲜美是因为肉中富含谷氨酸、肌苷等"增鲜物质"，用热水炖肉，可使肉块表面的蛋白质迅速凝固，这样肉内的"增鲜物质"就不易渗入汤中，炖好的肉会特别鲜美。而熬骨头汤是为了喝汤，用冷水、小火慢熬，可延长蛋白质的凝固时间，使骨肉中的"增鲜物质"充分渗入汤中，这样汤才鲜。

汤水养人，正确喝汤有学问

喝汤是人们滋补调养的好方法。有些人随着自己的性子喝汤，想怎么喝就怎么喝，殊不知，要想喝出营养、喝出健康，这其中大有学问。

😊 宜在饭前喝汤

正确的喝汤方法是饭前先喝几口汤，将口腔、食道先润滑一下，以减少干硬食物对消化道黏膜的不良刺激，并促进消化腺分泌，起到开胃的作用。然而，饭前喝汤不宜太多，否则会把胃撑得鼓鼓的，吃饭就没有食欲了。此外，大量的汤水会把胃液稀释，影响正常消化。

😊 太烫的汤不能喝

喝太烫的汤百害而无一利。人的口腔、食道、胃黏膜最高只能忍受60℃的温度，超过此温度则会造成黏膜烫伤。虽然烫伤后人体有自行修复功能，但反复损伤又反复修复极易导致上消化道黏膜恶变。有调查结果显示，喜食烫食者食道癌的发病率较高。汤水最佳的饮用温度是50℃以下。

😊 汤要慢慢喝

慢速喝汤会给食物的消化吸收留出充足的时间，感觉到吃饱了的时候，就是吃得恰到好处了；而快速喝汤，等你意识到吃饱了，可能摄入的食物已经超过所需要的量。

😊 喝汤也要吃汤渣

有人认为，用各种主辅原料煮的汤，尤其是长时间熬煮的汤，汤很浓、味很鲜，汤渣却嚼之乏味，人们以为营养成分都到汤里去了，往往只喝汤而不吃汤渣。事实是用鱼、鸡、牛肉等高蛋白食材煮6小时后，看上去汤已经发白，并且很浓，但蛋白质的溶出率却只有6%～15%，即还有85%以上的蛋白质仍留在汤渣中。显然，只喝汤是极大的浪费，久而久之还会导致营养不良。因此，喝汤时应该把汤渣一起吃下去。

不同体质，喝汤进补有讲究

中医认为，健康是一种平衡，当这种平衡被打破，人就会生病。人的体质分为九种，除了平和体质以外，其他八种体质或多或少都存在着健康问题。只有把失衡的健康调节到平衡状态，根据体质选择合适的滋补汤，这样才是因证用膳。

平和体质

平和体质是稳定、健康的体质，是以体形匀称健壮、肤色润泽、精力充沛、食欲良好、大小便正常为主要特征的一种养生状态。一般产生的原因是先天禀赋良好，后天调养得当。平和体质所占的人群比例约为32.75%，即1/3左右。平和体质的人以一般食物入汤食用均可，但不宜过多食用油腻、过甜的汤品。

气虚体质

气虚体质的人，脏腑功能失调，气的化生不足，表现为舌淡红，舌边有齿痕，苔白，脉虚弱，面色苍白，形体消瘦或偏胖，语声低微，气短懒言，精神不振，体倦乏力，常自汗出，动则尤甚。其发病倾向为：易患感冒，内脏下垂，平素抵抗力弱，病后康复缓慢。调养时应以补气养气为原则，宜吃猪肉、鸡肉、大枣、人参、黄芪等食物。

阴虚体质

阴虚体质的人，脏腑功能失调时易出现体内阴液不足、阴虚生内热的情况，常表现为舌干红，少苔甚至光滑无苔，形体消瘦，两颧潮红，手足心热，潮热盗汗，心烦易怒，口干，头发、皮肤干枯，多因燥热之邪外侵、过食温燥之品、忧思过度、房事不节、久病所致。调养时重在滋补阴液、配以清热，宜多吃具有滋补功效的食物，如山药、木耳、豆腐、乳制品、核桃、芝麻、枸杞、鱼、牡蛎等。

阳虚体质

阳虚体质的人，因脏腑功能失调而出现体内阳气不足、阳虚生里寒的症状。具体表现为舌淡胖，舌边有齿痕，苔淡白，脉沉微无力，面色苍白，气息微弱，体倦嗜卧，畏寒肢冷，全身无力或肢体浮肿。阳虚者多因先天禀赋不足、寒邪外侵或过食寒凉之品、忧思过极、房事不节、久病所致。调养时应以益气、温阳、散寒为原则，还应针对脏腑辩证，分别温补心、脾、肾之阳气，宜多吃一些具有温阳功效的食物，如山药、牛肉、羊肉、核桃、芡实、黄芪、灵芝等。

湿热体质

所谓湿，即通常所说的水湿。脾有"运化水湿"的功能，若体虚消化不良或暴饮暴食，脾就不能正常运化而使"水湿内停"；且脾虚的人易招外湿入侵，外湿也常困阻脾胃使湿从内生。

所谓热，则是一种热象。而湿热中的热是与湿同时存在的，或因夏秋季节天热湿重，湿与热合并入侵人体；或因湿久留不除而化热。

湿热体质的人在调理时，可选择黄豆芽、绿豆芽、山药、冬瓜、木瓜、赤小豆、排骨等食材煲汤，清热利湿。

痰湿体质

痰湿体质的人，因脏腑功能失调引起气血津液运化失调，从而导致水湿停聚，聚湿。常表现为舌体胖大，舌苔白腻，体形肥胖，腹部肥满，胸闷，痰多，容易困倦，身重不爽，喜食肥甘醇酒。

痰湿体质的人宜养成良好的饮食习惯：忌食肥甘厚味生冷之物；戒烟酒；平时可多吃点生姜，多进蔬菜、水果等富含维生素的食物。避免涉水淋雨；久居湿地者，应注意保暖，防止外感寒湿之邪伤脾困脾，尤其是在梅雨季节要注意防潮湿。宜吃食物有山药、白扁豆、赤小豆、薏米、鲫鱼、生姜等。

气郁体质

一般来说，气郁和人本身的性格有关，有的人平素性情急躁易怒，易激动，有的人经常郁郁寡欢，疑神疑鬼。中医认为，人体"气"的运行主要靠肝的调节，气郁主要表现在肝经所经过的部位气机不畅，所以又称作"肝气郁结"。

总体而言，气郁是气不能畅快运行所致，大多表现为胸闷气短、热气结滞，应多吃具有顺气功效的食物，如芹菜、小白菜、黄花菜、莴苣、金橘、开心果、黑豆、黑芝麻、小麦、高粱、驴肉、乌鸡、牡蛎、海参等。

血瘀体质

血瘀体质是指当人体脏腑功能失调时，易出现体内血液运行不畅或内出血不能消散而成瘀血内阻的体质，常表现为面色晦暗，皮肤粗糙呈褐色，色素沉着，或有紫斑，口唇黯淡，舌质青紫或有瘀点，脉细涩。

血瘀体质的人宜选用有行气活血功效的食材，如韭菜、洋葱、白萝卜、柠檬、柚子、柑橘、山楂、银杏、桃仁、生姜、大蒜、茴香、桂皮、丁香等。

特禀体质

特禀体质又称特禀型生理缺陷、过敏，是指由于遗传因素和先天因素所造成的特殊体质。特禀体质有多种表现，比如有的人即使不感冒也经常鼻塞、打喷嚏、流鼻涕，容易患哮喘，容易对药物、食物、气味、花粉、季节过敏；有的人皮肤容易起荨麻疹，皮肤常因过敏出现紫红色瘀点、瘀斑，皮肤常一抓就红。特禀体质的人饮食宜清淡、均衡，粗细搭配适当，荤素搭配合理。

PART 2

春生篇——升补为主，养肝护阳

　　春回大地，阳气生发，万物始生。春天在五行中属木，而人体的五脏之中肝也属木性，因而春气通肝。中医认为，春季肝气最旺，而肝气旺又会影响脾，容易出现脾胃虚弱的症状。春日养生以肝为先，饮食应保持清淡可口，宜选择辛、甘、温之品，忌酸涩食品，少吃油腻、生冷及刺激性食物。

春分

立春　雨水

春季的气候特点及　谷雨

进补原则　惊蛰

清明

立春后，即正式进入春季，气候向暖，阳气升发，气温渐渐上升，万物开始蓬勃生长。此时必须注意天气变化，以防气候突变引起外感风寒。从立春之日起，人体阳气开始升发，肝阳、肝火、肝风也随春季阳气的升发而上升。因此，立春后应注意疏泄肝气，保持情绪稳定，使肝气顺畅而不影响其他脏腑。

春天进补，重在养肝。喝汤宜选用较清淡、温和、扶助正气、补益元气的食物，还应根据不同的体质来调养。

韭菜

西红柿

灵芝

春季
进补宜吃的食材与药材

韭菜　建议食用量：每次约 100 克

韭菜性温、味辛，有补肾温阳、益肝健胃的作用。春季食用有助于人体表面皮毛汗孔地张开，进而起到发散体内郁热的作用，亦可补阳养肝。

忌▶ 消化不良、肠胃功能较弱者，眼疾、胃病者均不宜食用。

西红柿　建议食用量：每次约 300 克

西红柿的维生素C和烟酸含量较高，有生津止渴、健胃消食、清热解毒、凉血平肝等作用。春季多风干燥，宜多吃些西红柿。

忌▶ 急性肠炎、菌痢者及溃疡活动期病人均不宜食用。

灵芝　建议食用量：每次约 5 克

春季重在养阳，温性食物可补阳。灵芝性平，不寒不热，是春季补阳的最佳选择，还能改善肝火旺盛导致的睡眠质量差。

忌▶ 孕妇、婴幼儿、儿童及手术前后一周内的病人均不宜食用。

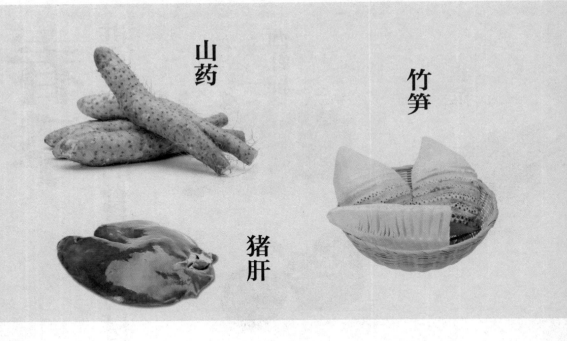

山药

山药 建议食用量：每次约 300 克

山药性平、味甘，入肺、脾、肾经。含有淀粉酶、多酚氧化酶等物质，有利于脾胃的消化与吸收，是一味适合春季调养脾胃、药食两用之品。

忌 糖尿病患者、便秘者不宜食用。

竹笋 建议食用量：每次约 200 克

竹笋属于天然低脂、低热食品，是肥胖者减肥的佳品。春季气候干燥，容易引起痰多咳嗽的症状，宜多食用竹笋，可清热化痰。

忌 慢性肾炎、泌尿系结石、尿路结石、寒性疾病患者均不宜食用。

猪肝 建议食用量：每次约 200 克

猪肝味甘、性温，有补血健脾、养肝明目的功效。春季正值养肝之时，可以多食用些猪肝，不仅能促进阳气生发，还能养肝补血。

忌 高血压、高血脂、肥胖症及冠心病患者均不宜食用。

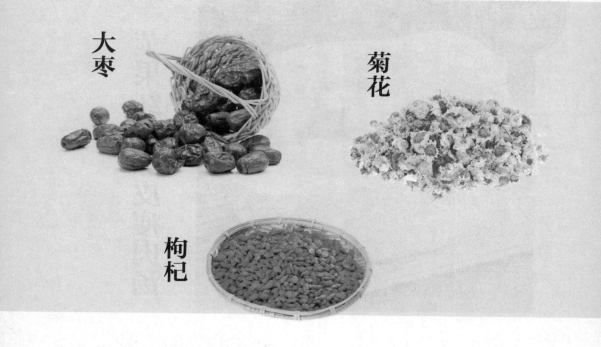

大枣

菊花

枸杞

大枣 建议食用量：每次约 15 克

春季人体内的阳气开始向外生发，此时多食用甘味食物，可补阳、滋补脾胃。大枣可谓甘味食物中的佼佼者，能补中益气、健脾、养血安神。

忌 ▶ 糖尿病患者、腹胀者、痰多者和湿气较重的人均不宜食用。

枸杞 建议食用量：每次约 10 克

时值春季，五脏中的肝活动较为旺盛。枸杞性平、味甘，入肝、肾经。春季食用枸杞不但可以养阴补血、滋补肝肾，还有明目的作用。

忌 ▶ 高血压患者及感冒发热、身体有炎症、腹泻等患者均不宜食用。

菊花 建议食用量：每次约 10 克

春季风大、湿气重，又值肝阳上升，易有春燥、血压升高等不适感。菊花味甘，有平肝明目、解热提神的功效。煲汤时放些菊花可散热养肝。

忌 ▶ 菊花性偏寒，风寒感冒、脾胃虚寒、食少泄泻者均不宜食用。

苹果红枣陈皮瘦肉汤

养肝健脾

🕐 制作时间：190分钟　　🥣 份量：2人份

材料　苹果块200克，瘦肉120克，水发木耳100克，红枣15克，陈皮5克，高汤适量

调料　盐2克

做法
1 锅中注水烧开，倒入洗净切好的瘦肉，搅拌均匀，煮约2分钟，汆去血水。

2 关火后捞出汆煮好的瘦肉。

3 将瘦肉过一下冷水，装盘备用。

4 砂锅中注入适量高汤烧开，倒入汆过水的瘦肉。

5 放入备好的红枣、陈皮，加入洗净的木耳，倒入苹果块，搅拌均匀。

6 盖上盖，用大火烧开后转小火炖3小时至食材熟透。

7 揭开盖，加入盐，拌匀调味即可。

养生小课堂

春天肝气旺盛，相对影响脾胃的消化吸收功能。此汤中苹果不凉不热，具有生津、润肺、护肝、开胃、止泻、通便之功效。

红枣山药排骨汤

⏱ 制作时间：90分钟　　🥣 份量：3人份

材料　山药185克，排骨200克，红枣35克，蒜头30克，水发枸杞15克，姜片、葱花各少许

调料　盐2克，鸡粉2克，料酒6毫升，食用油适量

做法　1 山药去皮洗净，切滚刀块。

2 锅中注水大火烧开，倒入洗净的排骨，汆去血水捞出。

3 用油起锅，爆香姜片、蒜头，倒入排骨，翻炒匀，淋上料酒，注入清水至没过食材拌匀。

4 倒入山药块、红枣拌匀，盖上盖，大火煮开后转小火炖1个小时。

5 掀开锅盖，倒入泡发好的枸杞拌匀，盖上盖，用大火再炖10分钟。

6 掀开锅盖，调入盐、鸡粉，将汤盛出装入碗中，撒上葱花即可。

养生小课堂

春季与五脏中的肝脏相对应，很容易肝气过旺，对脾胃产生不良影响，妨碍食物正常消化吸收。甘味食物能补益脾胃，因此要多食山药。

开胃消食

补益肝肾

养生小课堂

这是一款补益肝肾、强筋健骨的美味汤。此汤适合任何体质的人，尤其适合老年人以及有腰腿疼痛、面色发黄、没有光泽等症状的阳虚体质者。

枸杞杜仲排骨汤

⏰ 制作时间：160分钟　🍲 份量：3人份

材料　杜仲、黄芪各20克，红枣10克，枸杞、党参各15克，木耳8克，冬瓜块100克，排骨块200克

调料　盐2克

做法
1 将杜仲、黄芪装隔渣袋里，装入碗中，放红枣、党参，倒清水泡10分钟，捞出洗净待用。

2 将枸杞倒入清水中泡发10分钟，捞出洗净待用。

3 将木耳倒入清水中泡发30分钟，捞出洗净待用。

4 锅中注入清水烧开，放入排骨块。

5 汆煮片刻，捞出沥干水分，装入盘中待用。

6 砂锅中注入适量清水，倒入排骨块、杜仲、黄芪、红枣、党参、木耳，拌匀。

7 加盖，大火煮开转小火煮100分钟至有效成分析出，揭盖，放入枸杞，拌匀。

8 加盖，续煮20分钟至枸杞熟，揭盖，加入盐，稍稍搅拌至入味即可。

大厨献招　排骨汆水时，一定要用勺子将浮沫撇去，煲出的汤水更美味。

五指毛桃栗子排骨汤

健脾平肝

制作时间：130分钟　　份量：4人份

材料　板栗肉200克，五指毛桃35克，排骨块350克，去心莲子100克，桂圆肉50克，陈皮1片，姜片少许

调料　盐2克

做法　1 锅中注入适量清水烧开，倒入排骨块，汆煮片刻。

　　　　2 关火后捞出汆煮好的排骨块，沥干水分，装盘备用。

　　　　3 砂锅中注入适量清水，倒入排骨块、五指毛桃、板栗肉、莲子、桂圆肉、陈皮、姜片，拌匀。

　　　　4 加盖，大火煮开转小火煮2小时至食材熟透。

　　　　5 揭盖，加入盐，稍稍搅拌至入味即可。

养生小课堂

春季饮食宜"减酸增甘"。五指毛桃味甘，性平，清肝火、除湿、健脾肺。搭配桂圆非常适合在南方湿热的气候里食用。

健脾排骨山药汤

补脾健胃

⏰ 制作时间：80分钟　　🥣 份量：3人份

材料　排骨250克，山药200克，姜片10克

调料　盐3克，料酒5毫升

做法　1 锅中注水烧开，放入切好洗净的排骨。

2 加入2毫升料酒拌匀。

3 排骨焯去血水，捞出。

4 砂锅中注水烧开，放入姜片、排骨。

5 淋入3毫升料酒拌匀，加盖，用小火煮30分钟至排骨八九成熟。揭盖，放入洗净切好的山药，拌匀。

6 盖上盖，用大火煮开后转小火续煮30分钟至食材入味。

7 揭盖，加入盐，拌匀，关火后盛出煮好的汤，装碗即可。

养生小课堂

春季宜食甜味，山药味甘，补脾健胃，非常适合春季食用。此外，山药有降血糖的作用，对糖尿病有一定的疗效。

莴笋筒骨汤

⏱ 制作时间：150分钟　　🥣 份量：5～6人份

材料　去皮莴笋200克，筒骨500克，黄芪、枸杞、麦冬各30克，姜片少许

调料　盐、鸡粉各1克

做法
1 莴笋切滚刀块。
2 沸水锅中放入洗净的筒骨，汆去腥味和脏污，捞出。
3 砂锅中注水烧热，放入筒骨、麦冬、黄芪、姜片，搅匀。
4 加盖，用大火煮开后转小火续煮2小时后，倒入切好的莴笋，搅匀。
5 加盖，续煮20分钟至莴笋熟软，揭盖放入洗净的枸杞，搅匀，稍煮片刻。
6 调入盐、鸡粉，煮至枸杞味道析出后盛出即可。

养生小课堂

猪骨性温，味甘，有生津补脾、润肠胃的功效。春季食用不但可以缓解春季的干燥不适，还有助于补中益气。

补脾养胃

当归红枣猪蹄汤

⏱ 制作时间：130分钟　　🥄 份量：3～4人份

材料　当归10克，黄芪15克，党参、红枣各20克，白扁豆25克，黄豆40克，猪蹄200克，姜片少许，料酒5毫升

调料　盐2克，料酒适量

做法
1　将当归、黄芪装进隔渣袋里，放入清水碗中。
2　加入党参、红枣，搅拌均匀，一同泡发10分钟。
3　黄豆、白扁豆放入清水碗中，泡发2小时。
4　捞出泡好的食材，沥干水分，装盘待用。
5　沸水锅中倒入猪蹄，加入料酒，汆煮至去除血水，捞出待用。
6　砂锅注水，放入猪蹄、泡好的食材、姜片，搅拌均匀。
7　加盖，用大火煮开后转小火续煮120分钟。
8　揭盖，加入盐搅匀调味即可。

养生小课堂

红枣性温，味甘，能补中益气、健脾益胃、养血安神；当归补血养肝，能令肝血足而风定，心血足而火熄。此汤重在补血养肝、宁心安神，适宜血虚心悸、失眠多梦、身体羸瘦者用之以调养身心。

猪蹄灵芝汤

🕐 制作时间：200分钟　　🥣 份量：4~5人份

养生小课堂

猪蹄富含胶原蛋白，有很好的养颜功效，还有丰富的钙，对骨骼发育有促进作用；灵芝具有补气安神、养肝健脾的功效。二者合为汤健脾安神、益肾养肝。

材料 猪蹄块250克，黄瓜块150克，灵芝10克，高汤适量

调料 盐2克

做法 1 锅中注入适量清水烧开，放入剁好的猪蹄，汆去血水，捞出，过一次凉水，备用。

2 砂锅中倒入适量高汤，大火烧开。

3 放入猪蹄、灵芝，拌匀，盖上锅盖，烧开后煮15分钟再转中火煮1~3个小时。

4 倒入切好的黄瓜块，搅拌片刻。

5 盖上盖子，续煮至黄瓜熟软。

6 调入盐，拌至食材入味即可。

大厨献招

黄瓜不要煮太久，以免破坏其营养，而且也会影响其口感。

沙参猪肚汤

🕐 制作时间：70分钟　　🥣 份量：3人份

材料　沙参15克，水发莲子75克，水发薏米65克，芡实45克，茯苓10 克，猪肚350克，姜片20克

调料　盐2克，鸡粉2克，料酒20毫升

做法　1 洗净的猪肚切成条，备用。

　　　　2 锅中注水烧开，倒入猪肚、料酒，汆变色后捞出沥干。

　　　　3 砂锅注水烧开，放入姜片、备好的药材、汆过水的猪肚和料酒。

　　　　4 烧开后转小火炖1小时，至食材熟透，放入少许盐和鸡粉调味即可。

养生小课堂

猪肚鲜美柔韧，有补虚损、健脾胃功效。将猪肚和祛热清肺的沙参一起炖食，可适当地改善体质，对食欲不振也有疗效。

健脾开胃

枸杞猪肝汤

养肝明目

🕐 制作时间：30分钟　　🥣 份量：3人份

材料　石斛20克，菊花10克，枸杞10克，猪肝200克，姜片少许

调料　盐2克，鸡粉2克

做法　1 猪肝切成片；石斛、菊花装入隔渣袋中，收紧袋口。

2 锅中注水烧开，倒入猪肝，汆去血水，捞出，待用。

3 砂锅中注水烧开，放入装有药材的隔渣袋。

4 倒入猪肝，放入姜片、枸杞，拌匀。

5 盖上盖，烧开后用小火煮20分钟，至食材熟透。

6 揭开盖子，放入盐、鸡粉，拌匀调味，取出隔渣袋即可。

养生小课堂

枸杞有滋肝补肾的功效，对肝肾阴虚引起的眼睛精气不足、视力模糊、眼花等症有一定的食疗作用。

双仁菠菜猪肝汤

滋阴平肝

⏰ 制作时间：20分钟　　🥣 份量：3人份

材料　猪肝200克，柏子仁10克，酸枣仁10克，菠菜100克，姜丝少许

调料　盐2克，鸡粉2克，食用油适量

做法　1 把柏子仁、酸枣仁装入隔渣袋中，收紧口袋，备用。

2 洗净的菠菜切成段；洗净的猪肝切成片，备用。

3 砂锅中注水烧热，放入备好的隔渣袋。

4 盖上盖，用小火煮15分钟，至药材析出有效成分。

5 揭开盖，取出隔渣袋，放入姜丝，淋入食用油，倒入猪肝片，搅拌匀。

6 放入菠菜段，搅拌片刻，煮至沸。

7 放入少许盐、鸡粉，搅拌片刻，至汤汁味道均匀即可。

养生小课堂

春季养肝护肝宜多食绿色蔬菜，绿色属木，入肝，具有舒肝、强肝的功能，能消除疲劳、预防肝疾。菠菜能滋阴平肝、助消化、清肠胃热毒，对肝气不舒并发胃病的辅助治疗常有良效。

灵芝猪肝汤

⏰ 制作时间：70分钟　　🥣 份量：3人份

材料　猪肝230克，灵芝、姜片各少许

调料　盐2克，鸡粉1克，料酒5毫升

做法　1 猪肝洗净，切薄片。
　　　　2 锅中注水烧开，倒入猪肝，汆去血水，捞出。
　　　　3 砂锅中注水烧开，放入备好的灵芝、姜片、猪肝拌匀。
　　　　4 淋入料酒，拌匀，盖上盖，烧开后用小火煮至食材熟软。
　　　　5 调入盐、鸡粉，拌匀盛出，待稍凉后即可食用。

养生小课堂

灵芝性平，不寒不热，搭配猪肝是春季养肝护阳的最佳选择，还能改善肝火旺盛导致的睡眠质量差。

养肝护阳

枸杞猪心汤

养肝明目

🕐 制作时间：130分钟　　🥣 份量：1~2人份

材料　　猪心150克，枸杞10克，姜片少许，高汤适量

调料　　盐2克

做法　　1 锅中注水烧开，放入洗净切好的猪心，汆去血水，捞出，过冷水。

　　　　　2 砂锅中注入高汤烧开，加盐。

　　　　　3 放入姜片、猪心拌匀。

　　　　　4 盖上盖，用大火煮滚。

　　　　　5 放入洗好的枸杞搅匀，加盖，用小火煮约2小时。

　　　　　6 打开锅盖，用勺搅拌片刻。

　　　　　7 盛出即可。

养生小课堂

以猪心为主料，补心安神，辅以枸杞清热补虚、养肝明目，这道汤适宜春季补肝、安神食用。

养阳护肝

猪血韭菜豆腐汤

🕐 制作时间：15分钟　　🍜 份量：3～4人份

材料　韭菜85克，豆腐140克，黄豆芽70克，高汤300毫升，猪血150克

调料　盐2克，鸡粉2克，白胡椒粉2克，芝麻油5毫升

做法　1 洗净的豆腐切块；处理好的猪血切块。

2 洗好的韭菜、黄豆芽均切段。

3 汤锅置于火上，倒入高汤，大火烧开。

4 倒入豆腐块、猪血块，拌匀。

5 加盖，大火再次煮沸，放入黄豆芽段、韭菜段，煮约5分钟至熟。

6 加入盐、鸡粉、白胡椒粉、芝麻油，稍稍搅拌至入味即可。

养生小课堂

韭菜性温、味辛，有补肾温阳、益肝健胃等功效，春季食用祛阴散寒，对养阳护肝本身有很大的帮助。

补脑益智

养生小课堂

天麻安神补脑、行气活血；核桃和莲子益智、宁心安神；枸杞养肝明目；竹荪清热。五味合用，可补脑益智、养肝明目，对提高记忆力、改善头痛、增强体质等有较好的食疗效果。

044

天麻炖猪脑汤

🕐 制作时间: 120分钟　　🥣 份量: 2人份

材料　天麻、莲子各15克，枸杞20克，核桃、竹荪各10克，川芎8克，猪脑1
　　　　个，水1000毫升

调料　盐2克

做法　1　将莲子倒入清水碗中，泡发1小时。

　　　　2　将竹荪倒入清水碗中，泡发30分钟。把天麻、川芎、核桃倒入清水碗
　　　　　　中，泡发10分钟。

　　　　3　再把枸杞倒入清水碗中，泡发10分钟。

　　　　4　锅中注水烧开，倒入猪脑，搅匀煮去杂质。

　　　　5　捞出备用。

　　　　6　锅中注水，倒入猪脑、天麻、川芎、核桃、莲子、竹荪，拌匀。

　　　　7　盖上锅盖，煮开转小火煮100分钟；加入枸杞，继续小火煮20分钟。

　　　　8　掀开锅盖，加入适量盐，搅匀调味即可。

大厨
献招　　余煮好的猪脑，可以过一道冷水，
　　　　口感会更好。

养肝健脾神仙汤

🕐 制作时间：130分钟　　🥣 份量：1~2人份

材料　灵芝6克，淮山、枸杞各15克，麦冬、红枣各10克，小香菇12克，乌鸡块200克，清水1000毫升

调料　盐2克

做法
1. 将香菇倒入碗中，注入适量清水，浸泡30分钟；枸杞和灵芝、麦冬、红枣分别泡发5分钟。
2. 捞出泡好的汤料，沥干水分，分别装入3个干净的碗中，待用。
3. 砂锅中注水烧开，放入乌鸡块，汆煮除脏污，捞出待用。
4. 砂锅中注水，放入乌鸡块、香菇、灵芝、淮山、麦冬、红枣拌匀。
5. 加盖，大火煮开转小火煮100分钟至析出有效成分。
6. 倒入枸杞，续煮20分钟至枸杞熟软。
7. 加入盐，稍稍搅至入味即可。

养生小课堂

此款靓汤口味清香、微甜爽滑，具有补肝益气、养心健脾的功效，可有效改善睡眠和神经衰弱，并且能预防肝硬化，降低血压，减少胆固醇的作用。

黑木耳山药煲鸡

养肝健脾

⏱ 制作时间：110分钟　　🍵 份量：3~4人份

材料　去皮山药100克，水发木耳90克，鸡肉块250克，大枣30克，姜片少许

调料　盐2克，鸡粉2克

做法　1 山药洗净，切滚刀块；鸡肉块汆去血水，捞出沥干水分，待用。

　　　　2 锅中注入适量清水烧开，放入山药、鸡肉、水发木耳、大枣、姜片。

　　　　3 加盖，大火烧开后转小火炖100分钟，至食材熟软。

　　　　4 揭盖，调入盐、鸡粉，拌匀后稍煮片刻，盛出即可。

养生小课堂

大枣具有补中益气之功，山药有补脾养胃、生津补肾之效，鸡肉亦可健脾补气，辅以姜和为汤，有益气健脾、补益肝肾之功效。

灵芝茶树菇木耳煲鸡

🕐 制作时间：190分钟　🥣 份量：4~5人份

材料　鸡肉块350克，茶树菇90克，水发黑木耳100克，灵芝、姜片各少许，黑豆45克，蜜枣、桂圆肉各适量

调料　盐3克

做法　1 锅中注水烧开，倒入洗净的鸡肉块，汆去血水，捞出。

2 砂锅注水烧开，倒入鸡肉块、灵芝，拌匀。

3 加入洗净的黑木耳、茶树菇拌匀。

4 放入洗净的黑豆、蜜枣、桂圆肉、姜片拌匀。

5 盖上盖，烧开后转小火，炖煮3个小时至食材熟软。

6 调入盐，改大火略煮至汤汁入味后，盛出即可。

养生小课堂

灵芝具有补气安神、养肝健脾、止咳平喘及抗肿瘤、抗衰老等功效，对于肺虚咳喘等肺部不适有缓解作用。

红枣枸杞滋补鸡汤

疏肝理气

🕐 制作时间：70分钟　　🥣 份量：3~4人份

材料　鸡肉300克，猪瘦肉35克，枸杞15克，红枣20克，人参、党参、北芪、桂圆各少量，姜片、高汤各适量

调料　盐、鸡粉各少许

做法
1　鸡肉洗净斩块，与瘦肉一起放入锅中氽煮，断生后捞出沥干。
2　将煮好的鸡块、瘦肉放入炖盅，再加入洗净的药材和姜片。
3　锅中倒入高汤煮沸，加盐、鸡粉调味。
4　将高汤舀入炖盅，加上盖。
5　炖锅中加入清水，放入炖盅，加盖炖1小时即可。

养生小课堂

红枣是养肝的佳品，常吃能增强肝功能。搭配汤中其他食材药材具有补气养血、滋阴健脾、疏肝理气等功效。

姬松茸茶树菇鸡汤

制作时间：130分钟　　份量：2人份

润肺护肝

养生小课堂

姬松茸营养丰富，茶树菇清香不腻，搭配鸡肉煮汤，有安神补气、润肺护肝的功效。

材料 姬松茸15克，茶树菇40克，枸杞、红枣各20克，白芍10克，清水1000毫升，鸡块200克

调料 盐适量

做法 1 将清水注入姬松茸和茶树菇的碗中，泡发30分钟。

2 锅中注水大火烧开，倒入鸡块，汆去血水，捞出，待用。

3 砂锅中注水，倒入鸡块、泡发滤净的姬松茸、茶树菇，放入洗净的红枣、白芍，搅拌匀。

4 盖上锅盖，大火煮开后转小火煮100分钟。

5 掀开盖，加入枸杞，盖上锅盖，再继续煮20分钟析出成分。

6 掀开锅盖，加入少许的盐，搅匀调味即可。

大厨献招

若不喜红枣炖得太软烂的口感，可将红枣与枸杞一起放入。

无花果茶树菇鸭汤

健脾养肝

⏰ 制作时间：60分钟   🥣 份量：4 - 5人份

材料　鸭肉500克，水发茶树菇120克，无花果20克，枸杞、姜片、葱花各少许

调料　盐、鸡粉各2克，料酒18毫升

做法　1　洗好的茶树菇切去老茎，切成段；鸭肉斩成小块。

　　　　2　锅中注水烧开，倒入鸭块，搅散，加入料酒，煮沸，汆去血水，把鸭块捞出，沥干，待用。

　　　　3　砂锅中注入适量清水烧开，倒入鸭块，加洗净的无花果、枸杞、姜片，放入茶树菇，淋入少许料酒，搅拌匀。

　　　　4　盖上盖，用小火煮40分钟，至食材熟透。

　　　　5　揭开盖，放入适量鸡粉、盐，用勺搅匀调味。

　　　　6　将汤料盛出，装入汤碗中，撒上葱花即可。

养生小课堂

茶树菇有健脾养胃、清热平肝等功效，搭配鸭肉及具有开胃健脾、润肠助消化、清肺化痰的无花果一起煲汤，鲜美营养，非常适合春季食用。

天麻乳鸽汤

制作时间：70分钟 **份量：2人份**

材料 乳鸽1只，天麻15克，黄芪、桂圆、党参、人参、姜片、枸杞、红枣、陈皮各少许，高汤适量

调料 盐、鸡粉、料酒各适量

做法 1 将乳鸽宰杀处理干净，斩块。

2 锅中加清水烧开，放入乳鸽，汆至断生捞出。

3 将乳鸽放入炖盅内，拣入其余的原料。

4 高汤倒入锅中烧开，加盐、鸡粉、料酒调味，舀入炖盅内。

5 盖好炖盅的盖子，放入炖盅。

6 加盖炖1小时后取出，装好盘即成。

养生小课堂

天麻补脑安神、降血压；乳鸽益气补血、清热解毒、生津止渴。两者搭配炖汤，可以调节人体大脑神经系统，缓解压力，改善睡眠等，可作为儿童的补脑营养汤品。

安神补脑

枸杞子炖乳鸽

🕐 制作时间：80分钟　　🥣 份量：2人份

补血养肝

养生小课堂

枸杞性平、味甘，入肝、肾经。春季食用枸杞不但可以养阴补血、滋补肝肾，还有明目的作用。搭配乳鸽补气养血、保肝护肾。

材料　乳鸽1只，枸杞子25克，生姜适量

调料　盐2克，料酒20毫升

做法　1 将乳鸽洗净；生姜去皮，切成片。

2 锅中注入适量清水，烧开后放入洗好的乳鸽，汆水去除血水，捞出装盘待用。

3 另起锅，将汆煮好的乳鸽放入锅中，添入清水。

4 放入枸杞子，旺火煮开，撇去浮沫。

5 加入料酒、姜片，撒入适量盐。

6 用小火炖煮1小时至食材熟软，盛出即可。

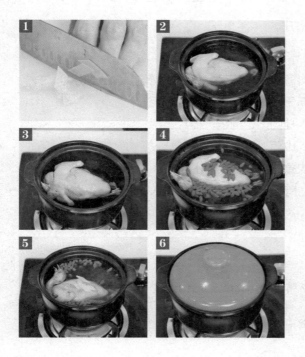

大厨
献招

枸杞子不宜放太多，否则煲出来的汤会有酸味。

山药枸杞兔骨汤

健脾养胃

🕐 制作时间：80分钟　　🥣 份量：3~4人份

材料　　兔骨200克，猪骨180克，山药150克，桂圆肉、枸杞、姜片各少许

调料　　盐、鸡粉各2克，料酒8毫升

做法　　1 洗净的山药去皮切条形，再切成小块，备用。

2 锅中注水烧开，淋入料酒，放入猪骨、兔骨，搅匀，汆去血水。

3 捞出汆煮好的食材，沥干水分，待用。

4 砂锅中注水烧开，倒入桂圆肉、枸杞、姜片。

5 放入兔骨、猪骨，倒入山药，淋入料酒。

6 盖上盖，烧开后用小火煮约1小时至食材熟透。

7 揭开盖，加入少许盐、鸡粉拌匀调味，至食材入味即可。

养生小课堂

山药性平、味甘，入肺、脾、肾经，有利于脾胃的消化与吸收，是一味适合春季调养脾胃、药食两用之品。有健脾胃、聚肾气的功效，胃部长期不适而导致的食欲不振人士可以多吃。

川芎白芷鱼头汤

祛风止痛

🕐 制作时间：40分钟　🥣 份量：2~3人份

材料　川芎10克，白芷9克，姜片20克，鲢鱼头1个

调料　鸡粉、盐各2克，料酒10毫升

做法　1 用油起锅，放入姜片，炒香。

2 倒入处理好的鱼头，煎出焦香味。

3 将鱼头翻面，煎至焦黄色，盛出，备用。

4 砂锅中注水烧开，放入川芎、白芷，盖上盖，小火煮15分钟。

5 揭开盖子，放入煎好的鱼头，淋入适量料酒。

6 盖上盖，用小火续煮20分钟，至食材熟透。

7 揭盖，放入少许鸡粉、盐拌匀，捞去浮沫，略煮至食材入味。

8 关火后盛出煮好的汤料，盛入碗中即可。

养生小课堂

鱼头汤浓郁滋润、鲜美滋补，再加入祛风止痛的白芷、行气活血的川芎，滋补效果更佳，对春季风寒感冒及头痛者有一定的疗效。

健脾养肝

养生小课堂

淮山补益脾胃、固肾益精；鳝鱼益气血、补肝肾、强筋骨、祛风湿；搭配其他药材煲汤有健脾养肝、益气补血、强筋健骨的功效。

淮山鳝鱼汤

🕐 制作时间：40分钟　　🥄 份量：1~2人份

材料　鳝鱼120克，巴戟天10克，淮山35克，黄芪10克，枸杞10克，姜片少许

调料　盐2克，鸡粉2克，料酒10毫升

做法　1 处理干净的鳝鱼切段。
　　　　2 锅中注水烧开，放入鳝鱼段，汆煮至变色。
　　　　3 捞出汆煮好的鳝鱼，沥干水分，待用。
　　　　4 砂锅中注入适量清水烧开，放入备好的姜片、枸杞、药材。
　　　　5 倒入汆过水的鳝鱼段，淋入适量料酒。
　　　　6 盖上盖，烧开后用小火煮30分钟至食材熟透。
　　　　7 揭开盖，放入少许盐、鸡粉，拌匀调味。
　　　　8 关火后把煮好的鳝鱼汤盛出，装入碗中即可。

大厨献招　鳝鱼汆水时可以用勺不时搅动，以去除外边的黏膜，这样煮出的汤可减少腥味。

红枣鳝鱼汤

⏱ 制作时间：54分钟　　🥣 份量：2～3人份

材料　鳝鱼肉350克，鳝鱼骨100克，黄芪、红枣、姜片、蒜苗各少许

调料　盐、鸡粉各2克，料酒4毫升

做法　1 洗好的蒜苗切成粒。

2 鳝鱼肉切上网格花刀，再切段；鳝鱼骨切成段。

3 锅中注水烧开，倒入鳝鱼骨拌匀，氽去血水，捞出待用。

4 沸水锅中倒入鳝鱼肉，拌匀，氽去血水后，捞出沥干待用。

5 砂锅中注水烧热，倒入红枣、黄芪、姜片。

6 盖上盖，大火煮沸后倒入鳝鱼骨，烧开后小火煮约30分钟。

7 揭开盖，放入鳝鱼肉，加入盐、鸡粉、料酒，盖上盖小火煮约20分钟。

8 揭开盖，搅拌均匀，撒上蒜苗拌匀即可。

养生小课堂

鳝鱼可补中益血、补益肝肾，红枣可养血安神，再加上黄芪也是补血补气的良药，此汤具有不错的滋补功效。

响螺片猴头菇健脾汤

⏰ 制作时间：130分钟　　🥣 份量：2人份

材料　　响螺片20克，猴头菇、枸杞、茯苓各15克，淮山25克，白术8克，蜜枣1个，筒骨200克，水1000毫升

调料　　盐适量

做法

1　将白术、茯苓装入隔渣袋内，扎紧袋口，放入装有清水的碗中，泡发10分钟；淮山、枸杞分别倒入清水碗中，浸泡10分钟。

2　将响螺片、猴头菇倒入装有清水的碗中，浸泡30分钟。

3　砂锅中注水烧开，倒入筒骨汆煮去血水，捞出备用。

4　砂锅中注水，倒入筒骨、响螺片、猴头菇、隔渣袋、蜜枣，拌匀。

5　盖上盖，开大火将汤煮开；掀开锅盖，倒入淮山，盖上盖，小火煲煮100分钟；掀开锅盖，加入枸杞。

6　盖上盖，小火继续煲煮20分钟；掀开锅盖，加盐调味即可。

养生小课堂

这是一款具有补血益气、健脾和胃效果的靓汤，适合全家食用。其中响螺肉质鲜美、营养高；猴头菇利五脏、助消化；枸杞补肝明目；茯苓利水渗湿。

健脾养胃

🌿 响螺淮山枸杞汤

⏱ 制作时间：125分钟　　🥣 份量：1~2人份

材料　　响螺片8克，淮山7克，枸杞6克，黄芪5克，党参5克，蜜枣3颗

调料　　盐2克

做法　　1 将枸杞和响螺片、淮山、黄芪、党参分别装碗，用清水泡发。

2 砂锅中注水，放入响螺片、淮山、黄芪。

3 再加入党参、蜜枣，加盖，大火煮开后转小火续煮100分钟。

4 放入泡好的枸杞，加盖，煮约20分钟至枸杞熟软及有效成分析出。

5 调入盐，盛出即可。

养生小课堂

此汤具有健脾益气、强壮身体的功效。其中的黄芪、淮山、枸杞能够补气固表，党参补气补血。此汤调理脾胃功效极佳，适合各种体质者食用。

健脾益气

燕窝莲子羹

养心补脾

制作时间：40分钟　　份量：1~2人份

材料　莲子30克，燕窝15克，银耳40克

调料　冰糖20克，水淀粉适量

做法
1 洗净的银耳切除黄色部分，再切成小块，装盘备用。
2 锅中注入适量清水烧开，放入备好的莲子、银耳。
3 盖上盖，用小火煮约20分钟至食材熟软。
4 揭开盖，放入泡发处理好的燕窝。
5 盖上盖，煮约15分钟至食材融合在一起。
6 揭开盖，一边搅拌一边加入适量水淀粉，煮至黏稠。
7 放入备好的冰糖，搅拌均匀至其溶化。
8 关火后盛出煮好的甜汤，装入碗中即可。

养生小课堂

这款甜汤甘甜滋润，特别滋养，能改善睡眠质量。其中莲子补脾明目、养心安神，燕窝滋阴润肺、益气补中，银耳补脾健胃、益气清肠。

夏长篇——清补为主，养心解暑

　　夏天天气炎热，昼长夜短，气候干燥。此时是新陈代谢旺盛的时期，阳气外发，伏阴在内，气血运行亦相应地旺盛起来，活跃于机体表面。中医认为，夏天在五行中属火，对应的脏腑为"心"，"心与夏气相通应"，心的阳气在夏季最为旺盛，常导致心病，如心神不安、心悸失眠、头昏目眩等。因此，清燥祛湿、养心解暑是夏季养生的关键。饮食应以清淡质软、易于消化为主，少吃煎炸油腻、辛辣、生冷的食物。

夏至

大暑

立夏　芒种　小暑

小满

夏季的气候特点及

进补原则

夏季是生机盎然的季节，是一年中最炎热的一段时期，也是很多疾病高发的季节。"暑""湿"是夏季气候的显著特点。根据这一气候特点，古人又将整个夏季分为盛夏和长夏。夏为暑热，五脏属心。由于天气炎热，毛孔张开，出汗量较大，在夏季人体的代谢是一年中最旺盛的，因此机体能量消耗也是一年之中最大的，营养的需要也相应增加。

夏季应选择清淡可口的食物，避免进食难以消化的进补食材或中药材；重视健脾养胃，促进消化功能吸收；宜清心消暑，避免暑邪。

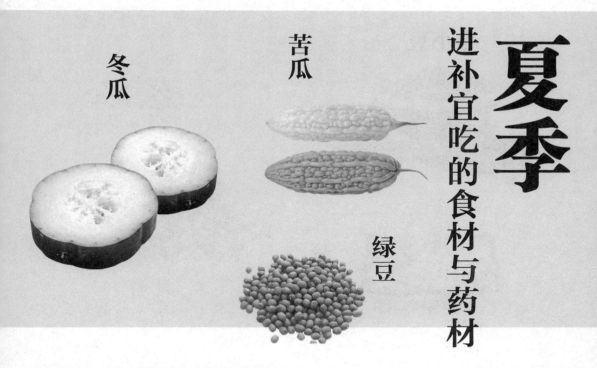

冬瓜

苦瓜

绿豆

夏季
进补宜吃的食材与药材

冬瓜　建议食用量：每次约 300 克

冬瓜性凉味甘，有利尿消肿、清胃降火等功效。夏季食用可清热生津、
解暑除烦，还可刺激肠胃蠕动，清除肠道内堆积的废物，开胃消食。

忌 ▸ 冬瓜性寒凉，脾胃虚弱、肾脏虚寒、阳虚肢冷者忌食。

苦瓜　建议食用量：每次约 200 克

苦瓜中的苦味素能增进食欲，健脾；其中的生物碱类物质奎宁，有利尿活
血、消炎退热、清心明目的功效。夏季多食用，可清热解毒、养脾胃。

忌 ▸ 苦瓜性凉，脾胃虚寒者不宜食用。

绿豆　建议食用量：每次约 100 克

绿豆性味甘凉，有清热解毒、消暑利水的功效。夏季用绿豆煲些汤水，
不但可以消暑益气、止渴利尿，还可以增强食欲。

忌 ▸ 脾胃虚寒者、肾气不足者不宜食用绿豆。

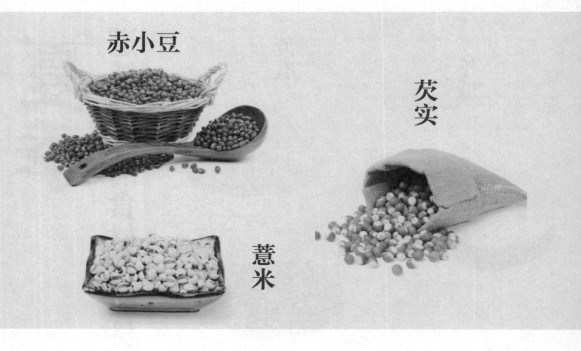

赤小豆

薏米

芡实

赤小豆 `建议食用量：每次约 100 克`

赤小豆能利湿消肿、清热退黄。夏季食用赤小豆，不但可以缓解夏天出现的口渴烦躁，还可以去除暑天湿邪导致的水肿。

忌 ▶ 小便频繁者不宜食用赤小豆。

薏米 `建议食用量：每次约 80 克`

夏季多湿热，易有身体沉重、眼皮肿胀、腿脚肿胀的不适感。食用些薏米，可清除体内的湿气，利水祛湿，消除肿胀，促进机体的新陈代谢。

忌 ▶ 脾虚便难者、尿多者、孕妇均不宜食用薏米。

芡实 `建议食用量：每次 50 ~ 100 克`

芡实可补中益气、提神强志、健脾养胃、益肾固精。夏季炎热，很多人贪吃凉食，容易伤脾胃。因此，食用一些芡实可补脾胃，还可以养肾。

忌 ▶ 内外感疟痢、痔疮、尿赤便秘、食不运化者及产后妇女皆不宜服用。

茯苓

金银花

陈皮

茯苓　建议食用量：每次约 30 克

茯苓味甘、淡，性平，有利水渗湿、益脾和胃、宁心安神的功用。夏季气候炎热，多雨，脾胃易感不适。此时适宜食用些茯苓。

忌　阴虚而无湿热者、虚寒滑精、夜尿频多者均不宜食用茯苓。

金银花　建议食用量：每次约 10 克

金银花有挥发油绿原酸、白果醇等成分，有清热解毒、抗炎、补虚疗风等作用。夏季暑邪当令，暑多挟湿，因此，夏季防暑，可多服用金银花。

忌　不宜与甘草同食，否则会导致水肿。脾胃虚寒、疮疡者均忌服。

陈皮　建议食用量：每次约 10 克

陈皮性温味辛，含有膳食纤维、蛋白质、胡萝卜素、多种维生素和微量元素等有效成分，具有理气健脾、燥湿化痰等功效，对于喉咙有保护作用。

忌　长期过多食用陈皮，会破坏人的肠道功能。由于陈皮药性偏湿燥，气虚及阴虚燥咳患者、胃火者均不宜食用。

薏米炖冬瓜

⏰ 制作时间：40分钟　🥣 份量：2~3人份

清热解暑

养生小课堂

薏米甘淡微寒，有渗湿、健脾两大功能；冬瓜性凉味甘，有利尿消肿、清胃降火、清热生津、解暑除烦的功效。夏季食用此款汤利水祛湿、清热解暑。

070

材料 冬瓜230克，薏米60克，姜片、葱段各少许

调料 盐2克，鸡粉2克

做法 1 洗好的冬瓜去瓤，再切小块，备用。

2 砂锅中注入适量清水烧热。

3 倒入备好的冬瓜、薏米，撒上姜片、葱段。

4 盖上盖，烧开后用小火煮约30分钟至熟。

5 揭盖，加入少许盐、鸡粉，拌匀调味。

6 关火后盛出煮好的菜肴即可。

大厨
献招

薏米可用水泡发后再
煮，这样能节省烹饪
时间。

干贝佛手花果汤

⏰ 制作时间：210分钟　　🥣 份量：4~5人份

材料　干贝3颗，白背木耳30克，佛手瓜2颗，无花果10颗，红萝卜1条，玉米1条，黄花菜6克，猪瘦肉300克

调料　盐适量

做法　1 干贝用清水冲洗干净，用清水浸泡连水备用。

2 将白背木耳用清水洗净浸泡，静待木耳泡发20分钟后，洗净备用。

3 佛手瓜将皮刷洗干净，对切去核备用。

4 无花果、黄花菜用清水重复浸泡将杂质浸出，洗净备用。

5 红萝卜洗净，削皮备用；玉米用清水清洗干净备用。

6 猪瘦肉用滚水氽烫后，洗净备用。

7 锅中注入清水，放入所有材料，滚水后转小火煲3小时后，加少许盐，拌匀调味即可。

养生小课堂

无花果用来作煲汤料有清热解毒、化痰去湿的作用，与佛手瓜及其他食材煲汤，有健脾益胃、祛风清热、清心消暑的功效，适合烦渴热湿、消化不良者食用。

清热利湿

双苓毛桃蜜枣汤

利水化湿

🕐 制作时间：190分钟　　🥣 份量：5人份

材料　土茯苓20克，茯苓20克，五指毛桃40克，蜜枣3颗，猪肉600克

调料　盐适量

做法　1 所有材料用清水洗净备用。

　　　　2 猪肉用滚水汆烫过后，清水洗净备用。

　　　　3 锅中注入清水，放入所有材料，滚水后转小火煲3小时，加少许盐，拌匀调味即可。

养生小课堂

茯苓有利水渗湿、益脾和胃、宁心安神的功效。夏季气候炎热，多雨，脾胃易感不适。此时食用些茯苓，不但可以调理脾胃、安神，还可促进消化。

清热解暑

养生小课堂

长夏暑邪最易损伤脾胃阳气，因此宜多选用健脾的食物，以调理脾胃功能。西红柿、芹菜都是清热解暑、健脾胃的好食材，宜多食用。

西红柿洋芹汤

🕐 制作时间：80分钟　🥣 份量：1~2人份

材料　芹菜45克，瘦肉95克，西红柿65克，洋葱75克，姜片少许

调料　盐2克

做法
1　洋葱、西红柿均洗净切块；芹菜洗净切段；瘦肉洗净切大块。
2　锅中注水烧开，放入瘦肉块。
3　汆片刻，捞出。
4　砂锅中注水烧开，倒入瘦肉块、洋葱块、西红柿、姜片拌匀。
5　加盖，大火煮开后转小火煮1小时至熟。
6　放入芹菜段拌匀，加盖，续煮10分钟至芹菜熟。
7　调入盐，搅拌片刻至入味。
8　盛出即可。

大厨
献招　盐要在最后加入汤中，这样可以提味，使汤汁鲜美。也可以加入少许白糖来提鲜。

养生小课堂

莲子清心除烦，芡实补脾除湿，瘦肉补充蛋白质，搭配姜片煲汤，有养心祛暑、健脾养胃之功效。

莲子芡实瘦肉汤

🕐 制作时间：70分钟　　🥣 份量：2～3人份

材料　瘦肉250克，芡实10克，莲子15克，姜片少许

调料　盐3克，料酒10毫升，鸡粉适量

做法　1 泡发好的莲子去除莲子心；洗净的瘦肉切成块。

　　　　2 锅中注水烧开，倒入瘦肉和少许料酒。

　　　　3 氽去血水，捞出备用。

　　　　4 取一个干净的砂锅，放入莲子、芡实、姜片、瘦肉。

　　　　5 另起锅，烧一锅热水，倒入砂锅中。

　　　　6 将砂锅置于旺火上，淋入少许料酒。

　　　　7 大火煮1分钟至沸腾，改小火再炖1小时。

　　　　8 加入盐和鸡粉调味后即可。

大厨献招　瘦肉块可适当切得大一些，这样口感会更佳。

清热解毒

养生小课堂

鱼腥草属于医食同源的一种中药，特别是在夏天，清肺热、化痰湿的效果很好，其中所含的挥发油还有增强机体免疫力的功效。

鱼腥草冬瓜瘦肉汤

🕐 制作时间：70分钟　　🥣 份量：2~3人份

材料　冬瓜300克，川贝3克，瘦肉300克，鱼腥草80克，水发薏米20克

调料　盐2克，鸡粉2克，料酒10毫升

做法　1 冬瓜去皮洗净，切大块，鱼腥草洗好切段。

　　　　2 瘦肉洗净切大块。

　　　　3 沸水锅中倒入瘦肉、5毫升料酒。

　　　　4 汆去血水，捞出。

　　　　5 砂锅中注水，倒入备好的川贝、薏米、瘦肉，放入切好的鱼腥草、冬瓜，加入5毫升料酒。

　　　　6 盖上盖，用大火煮开后转小火续煮1小时至食材熟透。

　　　　7 揭盖，加入盐、鸡粉，拌匀调味。

　　　　8 关火后盛出煮好的汤料，装入碗中即可。

大厨献招　冬瓜皮也可以不用去，这样清热降火的功效更佳。

核桃远志瘦肉汤

制作时间：148分钟 **份量：1~2人份**

材料 龟板15克，远志、黄精、桂圆肉各10克，核桃20克，瘦肉150克，高汤适量

调料 盐2克

做法
1 锅中注水烧开，倒入切好的瘦肉，搅拌煮约2分钟。
2 捞出氽煮好的瘦肉，过一下冷水，装盘备用。
3 砂锅中注入适量高汤烧开，倒入氽煮好的瘦肉。
4 放入龟板、远志、黄精、桂圆肉、核桃，搅拌均匀。
5 盖上盖，用大火煮15分钟后转小火炖约2小时，至食材熟透。
6 揭开盖，放入盐，拌匀调味即可。

养生小课堂

远志味苦、辛，性微温，入心、肾、肺经，有养心安神、祛痰止咳、解毒消肿之功效。适用于失眠多梦、健忘惊悸、神志恍惚、咳痰不爽、疮疡肿毒等症。

养心安神

苦瓜黄豆排骨汤

清热解暑

🕐 制作时间：65分钟　　🥣 份量：4~5人份

材料　苦瓜200克，排骨300克，水发黄豆120克，姜片5克

调料　盐、鸡粉各2克，料酒20毫升

做法　1 洗净的苦瓜对半切开，去籽，切成段。

2 锅中倒水烧开，倒入排骨，淋入料酒，煮沸，氽去血水，捞出。

3 砂锅中注水，放入黄豆，盖上盖，煮至沸腾。

4 揭开盖，倒入排骨，放入姜片，淋入料酒，搅匀提鲜。

5 盖上盖，用小火煮40分钟左右至排骨酥软，揭开盖，放入苦瓜。

6 再盖上盖，用小火煮15分钟。

7 揭盖，加盐、鸡粉，搅拌均匀，再煮1分钟。

8 关火后盛出煮好的汤料，装入汤碗即可。

养生小课堂

此汤气味苦甘、清润，具清暑除热、明目解毒的功效，是夏日解暑的佳饮，民间亦常用于感暑烦渴、暑疖、痱子过多、眼结膜炎等症。

健脾利湿

养生小课堂

本品具有清热解毒、健脾益气、利湿化痰的作用。脾气健旺则运化水湿有力，使痰无所聚，是适宜痰湿体质者食用。

干贝冬瓜芡实汤

🕐 制作时间：70分钟　　🥣 份量：3～4人份

材料　冬瓜125克，排骨块240克，水发芡实80克，水发干贝30克，蜜枣3个，姜片少许

调料　盐2克

做法　1 冬瓜洗净切块。

　　　　2 锅中注水烧开，倒入洗净的排骨块，汆去血水，捞出。

　　　　3 砂锅中注水，倒入排骨块、芡实、蜜枣、干贝、姜片拌匀。

　　　　4 加盖，大火煮开后转小火煮30分钟至熟。

　　　　5 揭盖，放入冬瓜块拌匀，再加盖，续煮30分钟至冬瓜熟。

　　　　6 调入盐。

　　　　7 拌匀至入味。

　　　　8 关火，盛出即可。

大厨献招　冬瓜是一种解热利尿比较理想的日常食物，连皮一起煮汤，效果更明显。冬瓜与肉煮汤时，冬瓜必须后放，然后用小火慢炖，这样可以防止冬瓜过熟过烂。

消暑清热

干贝冬瓜扁豆汤

🕐 制作时间：200分钟　　🍲 份量：4人份

材料　冬瓜500克，干贝3颗，薏米20克，扁豆20克，芡实20克，蜜枣2颗，生姜2片，排骨250克

调料　盐适量

做法　1 干贝用清水冲洗干净，用清水浸泡连水备用。

2 冬瓜搓洗干净，连皮带籽切大块备用。

3 薏米、扁豆、芡实用清水洗净，浸泡备用。

4 蜜枣洗净备用。

5 排骨用滚水汆烫过后，洗净备用。

6 锅中注入清水，放入所有材料，滚水后转小火煲3小时后，加少许盐调味即可。

养生小课堂

扁豆是甘淡温和、健脾化湿的药材，能消暑清热、解毒消肿，非常适用于脾胃虚弱、体倦乏力以及夏季暑湿所引起的腹泻、呕吐、胸闷等病症。

瓜仁薏米眉豆汤

⏱ 制作时间：210分钟　　🥣 份量：3人份

材料　西瓜仁20克，薏米30克，眉豆30克，白背木耳20克，排骨300克

调料　盐适量

做法
1　将白背木耳用清水洗净浸泡，静待木耳发泡20分钟后，洗净备用。
2　西瓜去肉去皮留瓜仁，切成块，洗净备用。
3　薏米、眉豆洗净浸泡备用。
4　排骨用滚水汆烫过后，洗净备用。
5　锅中注入清水，放入所有材料，滚水后转小火煲3小时后，加少许盐调味即可。

养生小课堂

薏米可用作粮食食用，煮粥、做汤均可。夏季用薏米和眉豆、排骨煮汤，既可佐餐食用，又能清暑利湿。

冬瓜荷叶双红汤

🕐 制作时间：190分钟　　🥢 份量：5人份

材料　冬瓜500克，荷叶10克，冬菇5朵，红莲子30克，淮山30克，红枣10颗，生姜2片，排骨250克

调料　盐适量

做法　1 冬瓜搓洗干净，连皮带籽切大块备用。

2 红枣浸洗干净，去籽备用。

3 冬菇用清水浸泡、挤干，重复数次备用。

4 荷叶、红莲子、淮山用清水洗净，沥干备用。

5 排骨用滚水汆烫过后，洗净备用。

6 锅中注入清水，放入所有材料，滚水后转小火煲3小时后，加少许盐，拌匀调味即可。

养生小课堂

冬瓜性凉味甘，有利尿消肿、清胃降火、消炎的功效。夏季食用冬瓜，能清热生津、解暑除烦，再搭配红莲子，不失为清热养心的好汤。

核桃花生双豆汤

健脾利湿

⏱ 制作时间：190分钟　　🥣 份量：3人份

材料　水发赤小豆45克，花生米50克，水发眉豆70克，核桃30克，排骨块155克

调料　盐适量

做法　1 所有材料清洗干净备用。

2 排骨用滚水汆烫过后，洗净备用。

3 锅中注入清水，放入所有材料，滚水后转小火煲3小时后，加少许盐，拌匀调味即可。

养生小课堂

赤小豆能利湿消肿、清热退黄。夏季食用赤小豆，不但可以缓解夏天出现的口渴烦燥，还可以去除暑天湿邪导致的水肿。

赤小豆葛根老黄瓜汤

🕐 制作时间：135分钟　　🥣 份量：2~3人份

解暑祛湿

养生小课堂

葛根甘润性平而偏凉，有升散、退热、生津的功效；赤小豆利湿消肿、清热退黄；老黄瓜健脑安神。三者配伍煮汤饮用，能有效防治暑热。

材料 老黄瓜175克，排骨块150克，去皮葛根75克，蜜枣45克，水发赤小豆
85克

调料 盐2克

做法 1 洗净的葛根切片，洗好的老黄瓜切段，挖去内瓤部分。

2 锅中注水烧开，倒入洗净的排骨块，氽片刻，捞出。

3 砂锅中注水烧开，依次倒入排骨块、赤小豆、葛根片、蜜枣、老黄
瓜，拌匀。

4 加盖，大火煮开后转小火煮2小时至熟。

5 揭盖，加入盐。

6 稍稍搅拌至入味，关火后盛出即可。

大厨
献招

老黄瓜的内瓤一定要去
掉，否则口感不好。

瓜果银耳芡实汤

补益脾胃

制作时间：200分钟　　份量：4人份

材料　青木瓜1个，苹果1个，银耳20克，芡实20克，薏米20克，蜜枣2个，生姜1块，排骨300克

调料　盐适量

做法　1　苹果洗净对切去核，用清水洗净备用。

2　青木瓜削皮洗净，对切去籽备用。

3　银耳用清水浸泡10分钟，重复换水三次，清水洗净沥干备用。

4　芡实、薏米、蜜枣洗净，清洗干净沥干备用。

5　生姜洗净，切片备用。

6　排骨用滚水汆烫过后，洗净备用。

7　锅中注入清水，放入所有材料，滚水后转小火煲3小时后，加少许盐，拌匀调味即可。

养生小课堂

木瓜中的木瓜蛋白酶可将脂肪分解为脂肪酸。木瓜中还含有一种酵素，能消化蛋白质，有利于人体对食物进行消化和吸收，故有健脾消食之功。

老黄瓜薏米绿豆汤

消暑清热

⏱ 制作时间：210分钟　　🥣 份量：4人份

材料　老黄瓜2条，薏米20克，绿豆20克，陈皮1角，蜜枣2个，排骨400克

调料　盐适量

做法　1 老黄瓜刷洗干净对切，去籽备用。

2 陈皮用清水浸泡，刮去皮内白瓤洗净沥干备用。

3 薏米、绿豆洗干净，浸泡备用。

4 蜜枣洗净备用。

5 排骨用滚水汆烫过后，洗净备用。

6 锅中注入清水，放入所有材料，滚水后转小火煲3小时后，加少许盐，拌匀调味即可。

养生小课堂

老黄瓜性寒凉而味甘，其清热、消暑、降燥、利尿、解毒、滋阴、生津等功效均优于嫩黄瓜。此汤尤其适合在炎热的夏季享用。

白芷薏米冬瓜汤

🕐 制作时间：210分钟　🥣 份量：4~5人份

材料　冬瓜600克，银耳20克，胡萝卜1条，薏米20克，白芷20克，红枣10颗，排骨300克

调料　盐适量

做法　1　冬瓜搓洗干净，连皮带籽切大块备用。

2　红枣浸洗干净，去籽备用。

3　银耳用清水浸泡10分钟，重复换水三次，清水洗净沥干备用。

4　薏米、白芷洗净沥干备用。

5　胡萝卜削皮洗净备用。

6　排骨用滚水氽烫过后，洗净备用。

7　锅中注入清水，放入所有材料，滚水后转小火煲3小时后，加少许盐，拌匀调味即可。

养生小课堂

此汤是全家人的夏日消暑好汤。白芷是一种药用价值很高的中药药材，有祛风燥湿、消肿止痛的作用；薏米利湿健脾；冬瓜清热生津。

🌿 三瓜窈窕汤

⏰ 制作时间：200分钟　　🍲 份量：4~5人份

材料　青木瓜1个，佛手瓜1个，葫芦瓜1个，玉米须20克，干贝3颗，百合20克，蜜枣2颗，排骨250克

调料　盐适量

做法
1　干贝用清水冲洗干净，用清水浸泡连水备用。
2　佛手瓜将皮刷洗干净，对切去核备用。
3　青木瓜削皮对切，去籽洗净备用。
4　葫芦瓜削皮洗净，切大块备用。
5　玉米须、蜜枣清洗干净备用。
6　百合用清水洗净，浸泡10分钟后，洗净沥干备用。
7　排骨用滚水汆烫过后，洗净备用。
8　锅中注入清水，放入所有材料，滚水后转小火煲3小时后，加少许盐，拌匀调味即可。

养生小课堂

此款汤品可以养阴润肺、健脾清心、除烦安神、清热利尿。对睡不安宁、脚气浮肿、烦躁热湿、容易水肿、两便不通者均有较好的食疗作用。

清心安神

苦瓜赤豆栗子汤

🕐 制作时间：190分钟　　🥣 份量：3人份

材料　苦瓜1条，栗子40克，赤小豆40克，薏米20克，蜜枣3个，陈皮1角，排骨300克

调料　盐适量

做法　1 陈皮用清水浸泡，刮去皮内白瓤洗净沥干备用。

　　　　2 苦瓜对切去籽，洗净备用。

　　　　3 赤小豆、栗子、薏米、蜜枣用清水洗净备用。

　　　　4 排骨用滚水汆烫过后，洗净备用。

　　　　5 锅中注入清水，放入所有材料，滚水后转小火煲3小时后，加少许盐，拌匀调味即可。

养生小课堂

苦瓜与补益气的栗子煲汤，能清热解暑而不甚寒凉，使燥火、痰火从小便而解。此汤苦中带些甘甜与清润，有清热消暑、清心明目、补脾胃之功效。

苦瓜黄豆淮山冬菇煲排骨

解暑祛湿

制作时间：200分钟　　份量：4~5人份

材料　　冬菇30克，黄豆60克，淮山30克，党参20克，无花果8颗，苦瓜2条，排骨300克，酸菜心30克，生姜数片

调料　　盐适量

做法　　1　苦瓜洗净剖开去籽，用汤匙刮净白瓤洗净切大块备用。

　　　　　2　冬菇用清水浸软，挤干再浸泡，重复数次洗净备用。

　　　　　3　酸菜心切片泡水15分钟，重复数次洗净备用。

　　　　　4　排骨氽烫去杂质血水后洗净备用。

　　　　　5　其他材料用清水洗净浸泡10分钟，重复2~3次洗净备用。

　　　　　6　锅中放入水与所有材料，大火滚水后转小火煲3小时，关火放些许盐，拌匀调味即可。

养生小课堂

苦瓜清热解毒，还可以养脾胃。暑热、感冒引起的发热、咽喉肿痛、皮肤湿疹的人喝此汤都有助益。夏季宜多食用此汤。怕苦的人可以多加两颗蜜枣。

芡实莲子煲猪心

安神助眠

🕐 制作时间：140分钟　🥣 份量：2~3人份

材料　猪心270克，水发莲子50克，水发芡实60克，蜜枣、枸杞、姜片各少许

调料　盐2克，鸡粉2克，料酒适量

做法　1 猪心洗净切开，去除油脂，切块后放入热水锅中，加料酒汆去血水，捞出。

　　　　2 砂锅中注水烧热，放入洗净的莲子、芡实，加入姜片、蜜枣。

　　　　3 加盖煮10分钟；将猪心倒入锅中，加盖续煮2小时至食材熟透。

　　　　4 倒入枸杞、盐、鸡粉拌匀后盛出即可。

养生小课堂

芡实益肾固精、补脾止泻；莲子强心安神；猪心养心补血。三者搭配制作药膳，能更好地补养心神，提高睡眠的质量，健脾补血。

石斛银耳大枣煲猪肝

🕐 制作时间：130分钟　　🥣 份量：2~3人份

材料　银耳25克，石斛10克，猪肝300克，姜2片，大枣5颗，雪梨适量

调料　盐适量

做法　1 大枣去核洗净；银耳浸透后洗净；雪梨洗净去蒂、去核，切块；石斛洗净，用刀拍敲；猪肝汆水备用。

　　　　2 锅中注水，放入所有材料，煮开后转小火煲2小时，加入盐调味，略煮，盛出即可。

养生小课堂

石斛有益胃生津、滋阴清热之功，再加上银耳的滋阴和猪肝的养肝补血作用，此汤非常适合熬夜、胃火重者食用。

宁心安神

竹荪莲子青木瓜煲鸡

🕐 制作时间：200分钟　　🥣 份量：2人份

材料　竹荪20克，百合15克，红莲子15克，鸡300克，青木瓜1个

调料　盐适量

做法　1 鸡不斩件氽烫去杂质血水，去除鸡皮后洗净备用。

　　　　2 青木瓜削皮对切去籽，洗净切大块备用。

　　　　3 竹荪浸泡15分钟，滤洗干净，重复浸泡滤洗直到水清澈无味，沥干备用。

　　　　4 其他材料用清水洗净浸泡10分钟，重复2～3次洗净备用。

　　　　5 锅中放入3500毫升水与所有材料，大火滚水后转小火煲3小时，关火放些许盐调味即可。

养生小课堂

竹荪补气养阴、清热利湿，百合、红莲子养心安神，三者煲汤能清心除烦、宁心安神、清热利湿，尤其适合神思恍惚、失眠多梦的人食用。

冬菇玉米须鸡肉汤

🕐 制作时间：130分钟 　　 🥣 份量：2～3人份

材料　水发冬菇75克，胡萝卜95克，玉米115克，玉米须30克，姜片少许，鸡肉块150克

调料　盐适量

做法　1 冬菇用清水浸泡、挤干，重复数次，去柄备用。

　　　　2 胡萝卜削皮，洗净切块备用。

　　　　3 玉米洗净切段、玉米须洗净备用。

　　　　4 鸡块汆煮片刻，捞出沥水备用。

　　　　5 砂锅中注入清水，放入所有材料，滚水后转小火煲2小时后，加少许盐调味即可。

养生小课堂

玉米须味甘、淡，性平，能入膀胱经，有利尿消肿、清热解毒的功效。玉米须还可与猪小肚煲汤，也有清热祛湿的作用。

茯苓笋干老鸭汤

制作时间：135分钟　　份量：2~3人份

祛湿解毒

养生小课堂

土茯苓能祛湿解毒、通利关节，搭配消肿解毒的无花果，再佐以和中化湿的白扁豆、清凉败毒的笋干，对身体能够起到很好的调节作用，并能有效改善肌肤问题，帮助排毒。非常适合痰湿、湿热体质者食用。

材料 土茯苓15克，白扁豆20克，无花果10克，笋干10克，老鸭块200克

调料 盐2克

做法 1 将土茯苓装入隔渣袋里，系好袋口，放入碗中，倒入清水泡发10分钟。

2 将白扁豆、笋干、无花果分别加清水泡发，洗净备用。

3 锅中注水烧开，放入处理好的老鸭块，氽片刻，捞出。

4 砂锅中注水，倒入老鸭块、土茯苓、白扁豆、笋干，拌匀，

5 加盖，煮90分钟至有效成分析出，再放入无花果。

6 加盖，续煮30分钟至无花果熟。加入盐，拌至入味后盛出即可。

食醋中有机酸可削弱茯苓的药效，故用茯苓时应忌食醋。可以根据自己的喜好，选择其他肉类，味道一样好。

茶树菇莲子炖乳鸽

⏰ 制作时间：200分钟　　🥄 份量：2～3人份

化湿健脾

养生小课堂

乳鸽有滋润养颜、增强体质、促进血液循环等功效；茶树菇有补肾、利尿、化湿、健脾、止泻等功效；莲子清热降火、补脾止泻、养心安神。老年人身体较虚弱，很适合食用。

材料　乳鸽块200克，水发莲子50克，水发茶树菇65克

调料　盐、鸡粉各1克

做法
1　往陶瓷内胆中放入洗净的乳鸽块、茶树菇、莲子。

2　注入适量清水，加入盐、鸡粉，搅拌均匀。

3　取出养生壶，通电后放入陶瓷内胆，盖上内胆盖。

4　壶内注入适量清水。

5　盖上壶盖，按下"开关"键，选择"炖补"图标，机器开始运行，炖
　　煮200分钟至食材熟软入味。

6　断电后揭开壶盖和内胆盖，将炖好的汤品装碗即可。

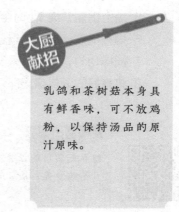

大厨
献招

乳鸽和茶树菇本身具
有鲜香味，可不放鸡
粉，以保持汤品的原
汁原味。

土茯苓绿豆老鸭汤

清热祛暑

🕐 制作时间：190分钟　　🥣 份量：3~4人份

材料　绿豆250克，土茯苓20克，鸭肉块300克，陈皮1片，高汤适量

调料　盐2克

做法　1 锅中注入适量清水烧开，放入洗净的鸭肉，搅拌匀。

　　　　2 煮2分钟，搅拌匀，氽去血水。

　　　　3 从锅中捞出鸭肉后过冷水，盛入盘中备用。

　　　　4 砂锅中注入适量高汤烧开，加入鸭肉、绿豆、土茯苓、陈皮，拌匀。

　　　　5 盖上锅盖，炖3小时至食材熟透。

　　　　6 揭开锅盖，加入适量盐进行调味。

　　　　7 搅拌均匀，至食材入味。

　　　　8 将煮好的汤料盛出即可。

养生小课堂

绿豆是常用的祛暑佳品，搭配祛湿解毒的土茯苓、滋阴祛热老鸭炖汤，具清热解毒、祛暑的作用，能在炎炎夏日为平和体质者清暑、消肿。

葛根赤小豆黄鱼汤

利水消肿

🕐 制作时间：130分钟　　🥣 份量：2~3人份

材料　去皮胡萝卜90克，去皮葛根75克，水发赤小豆85克，瘦肉90克，水发白扁豆75克，水发眉豆55克，黄鱼块100克

调料　盐2克，食用油适量

做法　1 胡萝卜洗净切滚刀块；瘦肉洗净切块；葛根去皮洗净，切厚片。

　　　　2 锅中注水烧开，倒入瘦肉块，氽片刻，捞出。

　　　　3 热锅注油，放入黄鱼块，煎至两面微黄，盛出备用。

　　　　4 砂锅注水烧开，倒入瘦肉块、黄鱼块、胡萝卜块、葛根、眉豆、白扁豆、赤小豆，拌匀。

　　　　5 加盖，大火煮开后转小火煮2小时。

　　　　6 调入盐，拌至入味，盛出即可。

> **养生小课堂**
>
> 赤小豆入汤，除了可增进食欲外，还可大量补充钾离子，避免夏季因出汗太多而导致的低钾症。赤小豆也可搭配鲤鱼食用，消肿效果也很好。

祛风祛湿

天麻川芎白芷炖鱼头

制作时间：140分钟　　份量：3人份

材料　天麻10克，川芎10克，白芷10克，南枣5颗，无花果8颗，豆腐100克，鱼头1个，生姜数片

调料　盐少许，料酒少许

做法　1 鱼头处理干净，沥干水分或是用厨房纸巾将水吸干，避免煎鱼头的时候油遇水的喷溅。

2 起油锅，放两片姜小火炒至略干，放入鱼头小火慢煎，将两面煎至金黄色，盛起沥干油或用吸油纸将油脂吸干，备用。

3 川芎略洗清除杂质后，沥干备用

4 其他材料用清水洗净浸泡10分钟，重复2～3次洗净备用。

5 炖盅放入九分满水与所有材料，隔水炖2小时，起锅前加些许料酒及盐调味即可。

养生小课堂

川芎有行气开郁、散风祛湿、止痛的功效；天麻能熄风定惊。二者配伍而用，能增强祛风祛湿、止头风、头痛的功效。

豆蔻砂仁厚朴淮山陈皮煲鲫鱼

🕐 制作时间：200分钟　　🥣 份量：2～3人份

材料　鲫鱼2条，淮山20克，豆蔻10克，陈皮1角，砂仁10克，厚朴10克，生姜数片

调料　盐适量

做法　1　鲫鱼洗净擦干，热油锅放两片生姜略爆，放入鱼煎至两面呈金黄色，盛起沥干油，用包食材的布袋装起，绑紧备用。

　　　　2　陈皮浸泡5～10分钟，用小刀刮去果皮白色瓤，洗净备用。

　　　　3　其他材料用清水洗净浸泡10分钟，重复2～3次洗净备用。

　　　　4　锅中放入3500毫升水与所有材料，大火滚水后转小火煲3小时，关火放些许盐调味即可。

养生小课堂

厚朴、砂仁、豆蔻均为行气化湿的中药，与理气健脾、燥湿化痰的陈皮配伍，再搭配鲫鱼煲汤，实则为夏季健脾祛湿的好汤。

健脾利湿

红豆鲤鱼汤

🕐 制作时间：40分钟　　🥣 份量：3~4人份

材料　　净鲤鱼650克，水发红豆90克，姜片、葱段各少许

调料　　盐、鸡粉各2克，料酒5毫升

做法　　1 锅中注入适量清水烧热，倒入洗净的红豆。

　　　　　　2 撒上姜片、葱段，放入处理好的鲤鱼，淋入料酒。

　　　　　　3 盖上盖，烧开后用小火煮约30分钟至食材熟透。

　　　　　　4 揭盖，加入少许盐、鸡粉，拌匀调味，转中火略煮，至汤汁入味。

　　　　　　5 关火后盛出煮好的鲤鱼汤，装入汤碗中即成。

养生小课堂

红豆有清热祛湿、消肿解毒、清心除烦、补血安神的功效，和鲤鱼一起煲汤食用，有很好的利尿消肿的功效，也是治疗脚气、体虚困倦的食疗良方。

灵芝木棉花茯苓淮山炖甲鱼

🕐 制作时间：200分钟　　🥣 份量：3~4人份

材料　灵芝10克，木棉花10克，土茯苓10克，淮山20克，桂圆15克，蜜枣2颗，甲鱼1只

调料　盐适量

做法　1 甲鱼置于冷水锅内，慢火加热至沸腾。取出后剖开两边，去头、内脏，再轻轻刮净全身的乌黑污皮，再洗净。

2 桂圆略洗清除杂质后，沥干备用。

3 其他材料用清水洗净浸泡10分钟，重复2~3次洗净备用。

4 炖盅内注入八分满水，放入所有材料隔水炖3小时，关火放些许盐调味即可。

养生小课堂

本品食材、药材配伍，具有清热祛湿、安定心神的作用。其中灵芝益气血、安心神、健脾胃；木棉花清热利湿；土茯苓解毒除湿。

清热祛湿

PART

4

秋收篇——平补为主，养肺润燥

　　立秋后阳气将日衰，阴寒日生，雨水渐少，天气干燥，秋风瑟瑟。中医认为，秋令与肺气相应，秋天燥邪与寒邪最易伤肺，五脏之中，"肺为相傅之官"，足可见肺的地位。"燥"是秋的主气，燥易伤肺，容易发生咳嗽或干咳无痰、口舌干燥等症状。所以，秋季养生应以养肺润燥为主。饮食则应以平补为原则，适当增加营养物质的摄入，选择既有营养又易消化、滋阴润燥的食物。

进补原则

秋季的气候特点及

寒露

立秋 白露 霜降

处暑 秋分

秋季阳气渐收，阴气生长，故保养体内阴气成为首要的任务，而养阴的关键在于防燥，这一原则应该具体贯彻到生活的各个方面。秋季是人体阳消阴长的过渡时期，所以顺应秋季的自然特点来养生，即保肺，可起到事半功倍的效果。

霜降时节，养生保健尤为重要，民间有谚语"一年补透透，不如补霜降"，足见这个节气对我们身体的影响。霜降时节，气温渐低，时有冷空气来袭。由于寒冷的刺激，人体的自主神经功能易发生紊乱，胃肠蠕动的正常规律被扰乱；同时，人体新陈代谢增强，耗热量增多，胃液及各种消化液分泌增多，食量增加，所以要特别注意保护胃肠功能。

秋季进补应注意食物的多样化和营养的均衡，宜多吃富含膳食纤维的食物，多食用具有润肺生津、养阴润燥作用的瓜果蔬菜、豆制品等。

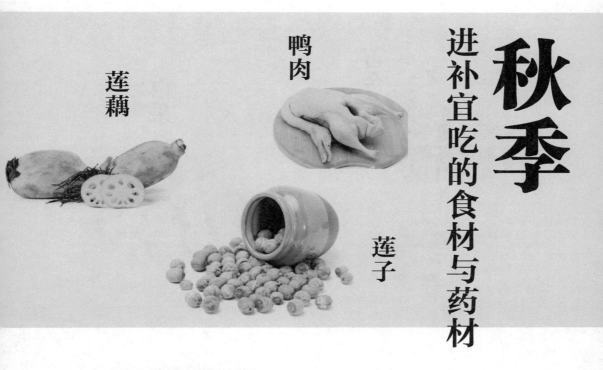

莲藕

鸭肉

莲子

秋季进补宜吃的食材与药材

莲藕 建议食用量：每次约 300 克

秋季是莲藕应市之时，人们常说"荷莲一身宝，秋藕最补人"。藕有清热、生津、凉血、开胃的功效。秋天吃莲藕，可养阴清热、健脾开胃。

忌 莲藕与菊花同食会导致腹泻，与人参搭配食用，会产生药性相反的不良反应。胃消化功能低下、大便溏泄者不宜食用。

鸭肉 建议食用量：每次约 200 克

鸭肉味甘、咸，性凉，入肺、胃、肾经，有养胃滋阴、补虚劳、滋五脏之用。秋季宜润补，鸭肉清热滋阴，是秋季不可多得的滋补佳品。

忌 阳虚脾弱、外感未清及便泻肠风患者不宜食用。

莲子 建议食用量：每次约 10 克

秋季天气渐凉，口、鼻、皮肤等部位会感干燥，应吃些生津养阴的食物。莲子味甘、涩，性平，入心、脾、肾经，可滋养补虚。

忌 便秘、消化不良、腹胀者不宜食用。

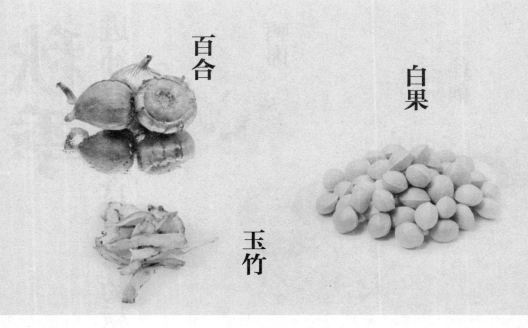

百合

玉竹

白果

百合　建议食用量：每次约 8 克

时值秋季，气候较干燥，会出现口鼻干燥、渴欲不止、皮肤干燥、肺燥咳嗽等不适。这时吃点药食同源的百合，可润肺止咳，还可清心安神。

忌▶ 风寒咳嗽者、虚寒出血者、脾胃不佳者均不宜食用。

白果　建议食用量：每次约 10 克

秋燥时节，身体会出现一系列的不适症状。白果味甘、苦、涩，性平，有敛肺化痰定喘的功效，对于哮喘、咳嗽痰多等疾病有辅助疗效。

忌▶ 白果不宜生食和多食，过量食用会出现呕吐、呼吸困难等病症。儿童、孕妇、过敏体质者不宜食用。

玉竹　建议食用量：每次约 10 克

玉竹味甘，性平，入肺、胃经，主治热病阴伤、虚劳发热。秋季煲汤时，加入玉竹，不但可以养阴润燥、除烦止渴，还可以健脾胃。

忌▶ 痰湿、脾虚便溏、阴虚内寒者不宜食用。

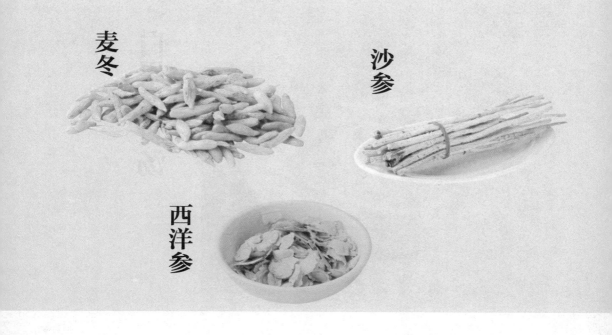

麦冬 　建议食用量：每次约 10 克

麦冬有养阴生津、润肺清心等功效，适用于肺燥干咳、津伤口渴、内热消渴等症状。秋天食用麦冬，可养阴、清心，还可缓解秋燥。

忌 鲤鱼、鲫鱼与麦冬功能不协，均不宜搭配食用，与黑木耳搭配会导致胸闷不适。脾胃虚寒及风寒咳嗽者不宜食用。

沙参 　建议食用量：每次约 10 克

沙参味甘、微苦，性微寒，入肺和胃经，有滋阴生津、清热凉血之效。秋季食用些沙参不但可以应季养阴，还有助于肺热阴虚、热病伤津的调养。

忌 不宜与藜芦一同食用。孕妇可以适量食用。但脾虚湿盛、痰多、风寒咳嗽者均不宜食用。

西洋参 　建议食用量：每次约 5 克

西洋参味甘微苦，可滋阴补气、清热生津。秋季食用补而不燥，还可缓解咽干口渴、阴虚少气、萎靡乏力等不适感。

忌 胃寒、肢冷、腹泻、阳虚体质者均不宜食用。

白果腐竹汤

止咳平喘

⏰ 制作时间：130分钟　　🥣 份量：1～2人份

材料　腐竹段40克，白果10克，百合10克，水发黄豆15克，姜片少许

调料　盐适量

做法　1 砂锅中注入适量清水烧开，放入清洗好的白果、黄豆。

　　　　2 倒入洗净的腐竹、百合。

　　　　3 撒入姜片，拌匀。

　　　　4 盖上锅盖，煮沸后转中火煮约2小时至食材熟透。

　　　　5 揭盖，调入适量盐，用勺子搅拌片刻。

　　　　6 盛出煮好的汤料，装入碗中即可。

养生小课堂

白果中有白果酸、白果酚，有抑菌、杀菌的作用。秋季干燥，易发咳嗽，白果也是秋季可作为去燥、止咳的良药之选。

川贝枇杷汤

制作时间：30分钟　　份量：1~2人份

材料　枇杷40克，雪梨20克，川贝10克

调料　冰糖适量

做法　1　洗净去皮的雪梨去核，切成小块；洗净的枇杷去蒂，切开，去核，再切成小块。

　　　　2　锅中注水烧开，将枇杷、雪梨和川贝倒入锅中。

　　　　3　搅拌片刻，盖上盖，用小火煮20分钟至食材熟透。

　　　　4　将冰糖调入汤中，搅拌均匀。

　　　　5　将煮好的汤盛出即可。

养生小课堂

雪梨润肺清燥、止咳化痰，川贝养肺阴、清肺热，搭配枇杷，是一味治疗久咳痰喘的良药。

润肺清燥

沙参玉竹雪梨银耳汤

制作时间：135分钟　　份量：3~4人份

养心润肺

养生小课堂

沙参、玉竹、雪梨、银耳都是滋阴润肺佳品，一起炖汤，具有养心润肺、解毒清燥、止咳化痰的功效。尤其适合干咳少痰、咽干者饮用。

材料 沙参15克，玉竹15克，雪梨150克，水发银耳80克，苹果100克，杏仁10克，红枣20克

调料 冰糖30克

做法 1 洗净的雪梨去内核，切块。

2 洗好的苹果去内核，切块。

3 砂锅中注水烧开，倒入沙参、玉竹、雪梨、银耳、苹果、杏仁、红枣，拌匀。

4 加盖，大火煮开转小火煮2小时至有效成分析出。

5 揭盖，加入冰糖，拌匀。

6 加盖，稍煮片刻至冰糖溶化，揭盖，搅拌片刻至入味后盛出即可。

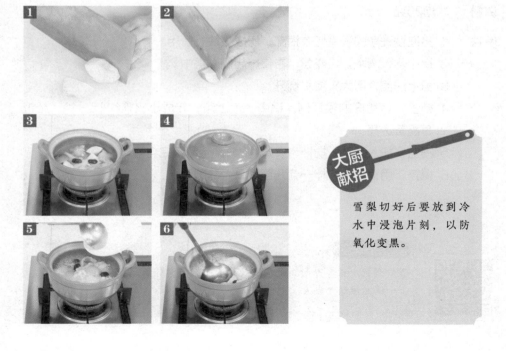

大厨献招

雪梨切好后要放到冷水中浸泡片刻，以防氧化变黑。

杏仁银耳润肺汤

🕐 制作时间：25分钟　　🥣 份量：1~2人份

材料　银耳70克，杏仁5克，麦冬3克

调料　冰糖25克

做法　1 将泡发洗净的银耳切去根部，切成小块，备用。

　　　　2 锅中倒入清水，将麦冬、杏仁一起倒入锅中。

　　　　3 盖上锅盖，用大火将水烧开。

　　　　4 揭盖，将切好的银耳倒入锅中，盖上盖，转成小火煮约15分钟，至银耳晶莹透亮。

　　　　5 揭盖，加入冰糖，搅拌匀，煮约2分钟至冰糖完全溶化。

　　　　6 揭盖，用锅勺再搅拌一会儿至银耳入味即可。

养生小课堂

杏仁润肠、银耳养阴、麦冬去燥，三合一的润肺汤，在秋季干燥时节做上一锅，滋润全家人。

莲藕红豆汤

润肺健脾

🕐 制作时间：80分钟　　🥣 份量：1～2人份

材料　莲藕150克，茯苓5克，薏米10克，山楂5克，红豆10克

调料　冰糖适量

做法　1 茯苓用清水泡发后，装入隔渣袋中；薏米、红豆、山楂分别用清水泡发；洗净的莲藕切块。沸水锅中放入莲藕，汆去表面淀粉，捞出，备用。

2 砂锅注水，倒入薏米、山楂、红豆、茯苓隔渣袋、莲藕。

3 加盖，用大火煮开后转小火续煮50分钟至食材有效成分析出。

4 揭盖，加入冰糖，搅匀。

5 加盖，煮约10分钟至冰糖溶化。

6 揭盖，关火后盛出煮好的汤，装碗即可。

养生小课堂

莲藕性平，不仅润肺还不会上火，有养胃滋阴、健脾益气、养血等功效，是一种很好的食补佳品。与猪肉搭配还可滋阴血、健脾胃。

121

清热润肺

养生小课堂

北沙参可祛痰止咳，治肺热燥咳、虚痨久咳、阴伤咽干、口渴等。北沙参与麦冬、玉竹，三者结合，更发挥了清热润肺、滋阴益肾的功效。

北沙参清热润肺汤

⏰ 制作时间：140分钟　🥄 份量：2人份

材料　北沙参10克，麦冬5克，玉竹5克，白扁豆10克，龙牙百合5克，瘦肉 200克

调料　盐2克

做法　1　北沙参、麦冬、玉竹、白扁豆、龙牙百合分别洗净，用清水泡发。

2　锅中注水烧开，放入洗净的瘦肉块。

3　汆去血水后捞出，沥干水分。

4　砂锅中注水，倒入瘦肉块。

5　倒入泡好的北沙参、麦冬、玉竹和白扁豆。

6　加盖，煮约100分钟。

7　倒入泡好的龙牙百合，续煮约20分钟。

8　放入盐调味，略煮盛出即可。

大厨献招　泡发白扁豆时可用温水，能缩短泡发的时间。

腐竹花马冬菇汤

清热润肺

🕐 制作时间：60分钟　　🥣 份量：2~3人份

材料　水发腐竹80克，花生80克，去皮马蹄110克，水发冬菇45克，红枣30克，姜片少许，瘦肉100克

调料　盐适量

做法
1 腐竹用清水洗净，切段备用。
2 花生、马蹄用清水洗净备用。
3 红枣浸洗干净，去籽备用。
4 冬菇用清水浸泡、挤干，重复数次，去柄备用。
5 瘦肉切大块，用滚水汆烫后备用。
6 锅中注入清水，放入所有材料，滚水后转小火煮40分钟后，加少许盐，拌匀调味即可。

养生小课堂

腐竹味甘，性平，具有清热润肺、止咳消痰的功效。马蹄清热泻火、利水湿、去三焦热。此汤是补而不燥的清润汤品。

太子参花果汤

清肺降火

⏰ 制作时间：200分钟　　🥣 份量：4～5人份

材料　西洋参20克，太子参20克，冬菇10朵，无花果10颗，猪肉600克

调料　盐适量

做法　1　西洋参、太子参用清水洗净备用。

　　　　2　冬菇用清水浸泡、挤干，重复数次备用。

　　　　3　无花果用清水洗净，浸泡10分钟后，洗净沥干备用。

　　　　4　猪肉用滚水氽烫后，洗净备用。

　　　　5　锅中注入清水，放入所有材料，滚水后转小火煲3小时后，加少许盐，拌匀调味即可。

养生小课堂

太子参味甘、微苦，性微寒，归脾、肺经。补气不上火，能益气健脾、生津润肺，与补气养阴、清热生津的西洋参配伍，对于气阴两伤而火较盛者尤为适宜。

125

补益脾肺

西洋参沙参黄芪汤

🕐 制作时间：195分钟　　🥣 份量：4~5人份

材料　西洋参20克，黄芪40克，沙参20克，蜜枣3颗，猪肉600克

调料　盐适量

做法　1 所有材料用清水洗净备用。

　　　　2 猪肉用滚水氽烫过后，清水洗净备用。

　　　　3 锅中注入清水，放入所有材料，滚水后转小火煲3小时后，加少许盐调味即可。

养生小课堂

西洋参味甘、苦，性微寒，有益肺阴、清虚火、生津止渴的功效。黄芪味甘，性温，能利水消肿、大补脾肺之气。

沙参苹果雪梨花果汤

生津润燥

🕐 制作时间：210分钟　　🥣 份量：3人份

材料　苹果2个，雪梨1个，沙参30克，玉竹30克，无花果10颗，陈皮1角，猪瘦肉300克

调料　盐适量

做法　1 苹果、雪梨洗净对切去核，用清水洗净备用。

2 沙参、玉竹、无花果用清水浸泡，洗净备用。

3 陈皮用清水浸泡，刮去皮内白瓤洗净沥干备用。

4 猪瘦肉用滚水汆烫过后，洗净备用。

5 锅中注入清水，放入所有材料，滚水后转小火煲3小时后，加少许盐调味即可。

养生小课堂

此汤品能入肺经，滋肺阴而润肺止咳，能辅助治疗肺燥咳嗽、阴虚劳嗽或者是阴虚后感染风热之邪引发的咳嗽。

润肺去燥

养生小课堂

此汤味道鲜美，是美味与滋补并存的养生佳品，具有清心润肺、生津止咳、补脾健胃、宁心安神、排湿利尿的功效。

淮山百合排骨汤

🕐 制作时间：140分钟　　🥄 份量：2～3人份

材料　玉竹5克，淮山5克，枸杞8克，龙牙百合5克，薏米10克，排骨块200克

调料　盐2克

做法
1　将玉竹、淮山、枸杞、龙牙百合、薏米分别洗净后倒入清水中泡发10分钟。
2　将锅中注水烧开，放入排骨块。
3　氽片刻后捞出。
4　砂锅中注水烧开，倒入排骨块、玉竹、淮山、龙牙百合、薏米，搅拌匀。
5　加盖，大火煮开转小火煮100分钟至有效成分析出。
6　揭盖，放入枸杞，拌匀。
7　加盖，续煮20分钟后，加入盐，拌匀。
8　关火后盛出，装入碗中即可。

大厨献招　排骨氽的时间不要太久，氽去血水即可，以免煮久营养成分流失。

玉竹排骨汤

🕐 制作时间：100分钟　🥣 份量：5～6人份

材料　排骨500克，水发黄花菜100克，花生50克，玉竹20克，姜片、葱段各少许

调料　盐2克

做法　1 锅中注水大火烧开，倒入排骨，汆去血水杂质，捞出。

2 砂锅中注入适量的清水大火烧开。

3 倒入排骨、花生、玉竹、姜片、葱段，搅拌片刻。

4 盖上锅盖，烧开后转小火煮1个小时至熟软。

5 将黄花菜放入锅中，搅拌均匀。

6 盖上锅盖，续煮30分钟后，加入盐，搅拌片刻，盛出即可。

养生小课堂

玉竹口感甘甜，长于养阴，主要作用于脾胃，是润肺护肝的佳品，适合秋季养肺食用。此外，玉竹还可以增强机体的抗缺氧能力。

霸王花枇杷叶猪肚汤

制作时间：200分钟　份量：3~4人份

材料　猪肚300克，枇杷叶10克，水发霸王花30克，无花果4枚，蜜枣10克，杏仁30克，太子参25克，水发百合45克，姜片少许

调料　盐2克，牛奶适量

做法
1 锅中注入适量清水烧开，倒入猪肚，汆煮片刻。
2 关火后捞出汆煮好的猪肚，沥干，装盘待用。
3 将猪肚放在砧板上，切成粗条，装入盘中。
4 砂锅中注水，倒入猪肚、枇杷叶、霸王花、无花果、蜜枣、百合、太子参、杏仁、姜片，拌匀。
5 加盖，大火煮开转小火煮3小时。
6 揭盖，加入盐，拌匀。
7 倒入适量牛奶，拌匀，盛出即可。

养生小课堂

此汤有健脾润肺之功效。其中，枇杷叶清肺止咳；霸王花清热润肺、止咳化痰；太子参益气健脾、生津润肺；百合养阴润肺、养心安神。

健脾润肺

131

沙参猪肚汤

清肺润燥

养生小课堂

猪肚有补虚损、健脾胃的功效。将猪肚和沙参一起炖食，具有祛热清肺、养阴润燥、益胃生津等功效。

材料 沙参15克，水发莲子75克，水发薏米65克，芡实45克，茯苓10克，猪肚350克，姜片20克

调料 盐2克，鸡粉2克，料酒20毫升

做法
1 洗净的猪肚切成条，备用。
2 锅中注水烧开，倒入猪肚、料酒。
3 氽变色后捞出沥干。
4 砂锅注水烧开，放入姜片、备好的药材、氽过水的猪肚和料酒。
5 烧开后转小火炖1小时，至食材熟透。
6 放入少许盐和鸡粉调味即可出锅。

大厨
献招

猪肚可以放入清水中搓洗，这样可以洗得更干净。

养肺润燥

霸王花罗汉果煲猪肺

🕐 制作时间：100分钟　　🥣 份量：6 ~ 7人份

材料　猪肺块250克，猪肉块300克，罗汉果5克，陈皮2克，甜杏仁5克，水发霸王花5克，姜片少许

调料　盐3克，鸡粉2克，料酒适量

做法　1 锅中注入适量清水烧开，倒入猪肉块。

　　　　2 淋入料酒，略煮一会儿，汆去血水，捞出备用。

　　　　3 放入猪肺块，淋入料酒，略煮后，捞出，备用。

　　　　4 砂锅中注水烧开，倒入罗汉果、甜杏仁，加入陈皮、姜片。

　　　　5 放入猪肺、猪肉，淋入料酒，盖上盖，大火煮开后转小火煮1小时。

　　　　6 揭盖，放入霸王花，盖上盖，续煮30分钟。

　　　　7 揭盖，加入盐、鸡粉，拌匀调味即可。

养生小课堂

此汤具有润肺止咳、滋阴祛燥的作用，非常适合秋季食用。此汤还可加入几颗蜜枣，口感更清润可口，且能润燥化痰、滋阴养肺，男女老少皆宜。

白果炖鸡

养肺润燥

⏰ 制作时间：125分钟　🥣 份量：7~8人份

材料　光鸡1只，猪骨头450克，猪瘦肉100克，白果120克，葱15克，香菜15克，姜20克，枸杞10克

调料　盐4克，胡椒粉适量

做法　1 猪瘦肉洗净，切块；姜拍扁。

2 锅中注水，放入猪骨头、鸡肉和瘦肉，加盖大火煮开，捞出装盘。

3 砂煲置于旺火上，加适量水，放入姜、葱。

4 再倒入猪骨头、鸡肉、猪瘦肉和白果，加盖烧开后转小火煲2小时。

5 揭盖，调入盐、胡椒粉，再倒入枸杞点缀。

6 挑去葱、姜，撒入香菜即可。

养生小课堂

白果又称为银杏，具有益肺气、治咳喘、健脾胃、润燥等功效。入口微微苦凉，配上老鸡熬汤，可滋阴润燥、养肺补胃。

麦冬黑枣土鸡汤

清心润肺

🕐 制作时间：90分钟　　🥄 份量：5～6人份

材料　鸡腿700克，麦冬5克，黑枣10克，枸杞适量

调料　盐1克，料酒10毫升，米酒5毫升

做法　1 锅中注水烧开，倒入洗净切好的鸡腿，加入5毫升料酒，拌匀，汆一会
　　　　　儿至去除血水和脏污，捞出汆好的鸡腿，装盘待用。

　　　　2 另起砂锅，注水烧热，倒入麦冬、黑枣、汆好的鸡腿。

　　　　3 加入5毫升料酒，拌匀。

　　　　4 加盖，用大火煮开后转小火续煮1小时至食材熟透。

　　　　5 揭盖，加入枸杞，放入盐、米酒，拌匀。

　　　　6 续煮10分钟至食材入味。

　　　　7 关火后盛出煮好的汤，装在碗中即可。

养生小课堂

麦冬可以生津解渴、润肺清心；枸杞柔润多液，善滋阴润燥；黑枣养
胃、补肾。三者搭配煲汤能调和肺肾，清肺燥的同时补肾阴。

玫瑰红莲银耳鸡肉汤

养心润肺

⏰ 制作时间：210分钟　🥣 份量：6～7人份

材料　玫瑰10克，红莲子30克，百合30克，桂圆20克，红枣10颗，银耳10克，鸡1只

调料　盐适量

做法　1　玫瑰、红莲、百合洗净备用。

2　桂圆洗净用清水浸泡10分钟后，洗净沥干备用。

3　红枣浸洗干净，去籽备用。

4　银耳用清水浸泡10分钟，重复换水三次，清水洗净沥干备用。

5　鸡用滚水氽烫过后，去除内脏杂质及鸡皮，用清水洗净备用。

6　锅中注入清水，放入所有材料，滚水后转小火煲3小时后，加少许盐调味即可。

养生小课堂

银耳、百合都是滋阴清热、润肺止咳的良品；莲子可益肾收涩、养心安神。以上食材搭配炖汤，可用于辅助治疗肺阴亏耗型咳嗽。

青花果银耳汤

🕐 制作时间：210分钟　　🍲 份量：6~7人份

材料　青木瓜1个，花生30克，银耳20克，无花果10颗，蜜枣2颗，陈皮1角，鸡1只

调料　盐适量

做法　1 青木瓜削皮去籽，洗净备用。

　　　　2 陈皮用清水浸泡，刮去皮内白瓤洗净沥干备用。

　　　　3 银耳用清水浸泡10分钟，重复换水三次，清水洗净沥干备用。

　　　　4 花生、无花果用清水浸泡10分钟，洗净沥干备用。

　　　　5 蜜枣用清水洗净备用。

　　　　6 鸡用滚水汆烫过后，去除内脏杂质及剥去鸡皮，清水洗净备用。

　　　　7 锅中注入清水，放入所有材料，滚水后转小火煲3小时后，加少许盐调味即可。

养生小课堂

陈皮味辛、苦而性温，气芳香而入肺脾。其辛散行气滞，是肺气壅滞、脾胃气滞的良药；苦温而燥湿，对湿邪困脾、痰多咳嗽有奇功。

润肺健脾

太子参淮杏莲子汤

润肺去燥

⏰ 制作时间：190分钟　　🥣 份量：6～7人份

材料　太子参30克，淮山40克，南杏20克，红莲子30克，红枣10颗，姜1块，鸡1只

做法　1　太子参、淮山、南杏、红莲子用清水洗净备用。
2　红枣浸洗干净，去籽备用。
3　姜洗净，切片备用。
4　鸡用滚水汆烫过后，去除内脏杂质及剥去鸡皮，清水洗净备用。
5　锅中注入清水，放入所有材料，滚水后转小火煲3小时后，加少许盐调味即可。

养生小课堂

此汤中红枣可补益气血、安养心神；太子参能生津润肺；南杏润肺止咳。三者搭配可增强安神、去燥之功。

药膳乌鸡汤

养阴清肺

制作时间：125分钟　　份量：7～8人份

材料　乌鸡1只，明参、黄芪各15克，山药、薏苡仁各30克，当归、莲子各10克，党参、百合各20克，红枣25克，枸杞8克

调料　盐适量

做法　1 药材全部洗净，乌鸡处理干净后过沸水，捞起放入炖锅中。

2 炖锅中加满水，大火煮沸后放入明参、当归、黄芪、党参、莲子，煮沸后捞去浮沫。

3 加盖，用小火煲半小时，再放入山药、百合、薏苡仁，加盖继续煲1小时。

4 放入适量盐，再加入红枣和枸杞。

5 加盖煲半小时后至软烂后起锅，倒进碗里即可。

养生小课堂

加入了中药材的药膳乌鸡汤，不但很补，还有很好的食疗作用。常喝可以抗疲劳、养颜美容、补气、养阴清肺。

西洋参姬松茸乌鸡汤

⏰ 制作时间：135分钟　　🥣 份量：2~3人份

材料　西洋参、太子参各5克，莲子7克，姬松茸20克，大枣10克，茯苓5克，
丹参3克，乌鸡块200克

调料　盐2克

做法
1 丹参、茯苓、大枣、太子参、西洋参、莲子、姬松茸分别用水泡发。
2 沸水锅中倒入洗净的乌鸡块，汆去血水，捞出。
3 砂锅中注水，倒入乌鸡块、莲子、姬松茸、大枣、太子参、西洋参、
丹参、茯苓搅匀，盖上盖。
4 用大火煮开后转小火续煮120分钟至食材有效成分析出，调入盐，盛出
即可。

养生小课堂

此汤味美且极具滋补效果。太子参益气健脾、生津润肺；西洋参补气养阴、清热生津；
莲子清热降火；丹参清心除烦，合为汤可全家适用。

益气补血

141

养肺去燥

养生小课堂

老鸭是温补食材，搭配玉米煲汤，有滋补去燥、益肺宁心、健脾开胃、利水通淋之功效，是秋季食补佳品。

玉米煲老鸭

⏰ 制作时间：200分钟　🥣 份量：4~5人份

材料　玉米段100克，鸭肉块300克，大枣、枸杞、姜片各少许，高汤适量

调料　鸡粉2克，盐2克

做法　1 锅中注水烧开，放入鸭肉，煮2分钟。

2 汆去血水，捞出后过冷水。

3 另起锅，注入高汤烧开，加入鸭肉、玉米段、大枣、姜片，拌匀。

4 盖上锅盖，炖3小时至食材熟透。

5 揭开锅盖，放入枸杞，拌匀。

6 加入鸡粉、盐，拌匀调味。

7 搅拌片刻，煮5分钟。

8 将煮好的汤盛出即可。

大厨献招　将大枣去核后再煮，便于食用，有效成分也更易析出。

杏仁虫草鹌鹑汤

润肺补肾

🕐 制作时间：62分钟　　🥣 份量：2~3人份

材料　鹌鹑200克，杏仁8克，蜜枣10克，冬虫夏草3克，高汤适量

调料　盐、鸡粉各2克，料酒5毫升

做法　1 沸水锅中放入处理好的鹌鹑。

　　　　2 略煮一会儿，汆去血水。

　　　　3 捞出汆煮好的鹌鹑，备用。

　　　　4 将汆过水的鹌鹑放入炖盅，倒入备好的蜜枣、杏仁、冬虫夏草。

　　　　5 注入适量高汤，加入盐、鸡粉、料酒。

　　　　6 将炖盅放入烧开的蒸锅中。

　　　　7 盖上盖，用小火炖1小时至食材熟透即可。

养生小课堂

杏仁苦泄降气而止咳，质润多油，故又有润肠通便之功；冬虫夏草润肺补肾、止血化痰。二者搭配能缓和冬虫夏草之温补药性，使补而不燥。

海底椰响螺白花汤

滋阴润燥

⏱ 制作时间：210分钟　🍲 份量：4人份

材料　响螺40克，海底椰15克，无花果15颗，白菜600克，陈皮1角，姜1块，
猪肉300克

调料　盐适量，料酒5毫升

做法
1 响螺用清水洗净，用料酒盖上锅盖同煮10分钟，静置2小时后洗净
　备用。

2 无花果浸泡10分钟洗干净备用。姜洗净，切片备用。

3 白菜用清水洗干净，沥干备用。海底椰清水洗净备用。

4 陈皮用清水浸泡，刮去皮内白瓤，洗净沥干备用。

5 猪肉用滚水氽烫过后，洗净备用。

6 锅中注入清水，放入所有材料，滚水后转小火煲3小时后，加少许盐调
　味即可。

养生小课堂

海底椰有滋阴润肺、清热防燥、止咳化痰的作用，尤其适宜秋季食用，而响螺片软糯且
有弹性，煲汤味道鲜美，与海底椰同用增强清热滋阴润燥之功。

补气养阴

养生小课堂

西洋参有益气补元、生津止渴效果；杏仁止咳平喘；海底椰滋阴补肾，佐以健胃清肠的无花果、养血安神的红枣以及健脾益气的响螺片，便可起到缓解疲劳、清心润肺的效果。

西洋参海底椰响螺汤

🕐 制作时间：110分钟　　🍵 份量：3~4人份

材料　西洋参5克，海底椰10克，杏仁6克，无花果5克，大枣5克，响螺片5克，排骨块200克

调料　盐2克

做法　1　将海底椰装入隔渣袋里，系好袋口，放入碗中，再放入大枣、西洋参、响螺片、杏仁，加清水泡发。

2　将无花果装入碗中，倒入清水泡发。

3　锅中注水烧开，放入排骨块。

4　汆片刻，捞出。

5　砂锅中注水，倒入排骨块、大枣、西洋参、响螺片、海底椰、杏仁拌匀。

6　加盖，大火煮开转小火煮100分钟至有效成分析出后，放入无花果拌匀，加盖，续煮至无花果熟。

7　揭盖，加入盐。

8　稍稍搅拌至入味，关火后盛出煮好的汤，装入碗中即可。

大厨献招　可依个人口味多加入一些盐，但切记过多的盐也会掩盖住汤的鲜香。

补气生津

养生小课堂

此汤好喝又极具滋补功能，是补气生津、补脾补肺的食疗良方。汤中所用的太子参能补益脾肺、益气生津，而淮山、红枣、白术都具有益气补虚之效。

太子参淮山药鱼汤

⏱ 制作时间：140分钟　　🥄 份量：2～3人份

材料　鱼头200克，太子参15克，淮山药、枸杞各20克，红枣15克，白术5克，茯苓10克

调料　盐2克

做法　1　将汤包中食材分开装入碗中，清洗干净；将白术、茯苓装入隔渣袋；滤出其他食材。

2　向装有食材的碗中注入清水，泡发15分钟。

3　将鱼头清洗干净，沥干水分。

4　锅中注水，放入除枸杞外的药材。

5　加盖，大火煮开后转小火煮100分钟至有效成分析出。

6　揭盖，倒入备好的鱼头、枸杞，继续炖20分钟。

7　放入盐，拌匀调味。

8　将煮好的汤盛入碗中即可。

大厨献招　鱼头也可以事先用油煎一下，味道会更香。

滋阴润肺

红枣补血益气,乌龟肉补阴虚,搭配养心安神、润肺止咳的百合,尤其是鲜百合味道更甘甜,有滋阴润肺、益气安神之功效。

百合红枣乌龟汤

🕐 制作时间：130分钟　　🥣 份量：3~4人份

材料　乌龟肉300克，红枣15克，百合20克，姜片、葱段各少许

调料　盐、鸡粉各2克，料酒5毫升

做法　1　锅中注水烧开，倒入乌龟肉，淋入少许料酒。

　　　　2　略煮一会儿，汆去血水，捞出，放凉待用。

　　　　3　剥去乌龟的外壳，待用。

　　　　4　砂锅中注水烧热，倒入红枣、姜片、葱段、乌龟肉。

　　　　5　盖上盖，烧开后转小火煮90分钟。

　　　　6　倒入百合，再盖上盖，用小火续煮30分钟至食材熟透。

　　　　7　揭开盖，加入少许盐、鸡粉。

　　　　8　搅拌均匀，至食材入味即可。

大厨献招　乌龟肉腥味较重，汆水的时间可长一点。

雪蛤银耳枸杞冰糖炖木瓜

🕐 制作时间：200分钟　🥣 份量：3~4人份

材料　雪蛤5克，银耳20克，红莲10克，百合10克，枸杞10克，红枣5颗，木瓜100克

调料　冰糖适量

做法　1　雪蛤洗净用清水泡发12个小时，中间换水3~4次并去杂质。

2　银耳用清水泡1个小时，中间换水2~3次，沥干备用。

3　木瓜削皮去籽，洗净切半备用。

4　枸杞略洗清除杂质后，沥干备用；红枣洗净去籽备用。

5　其他材料用清水洗净浸泡10分钟，重复2~3次洗净备用。

6　炖盅放入除枸杞、红枣、冰糖之外所有材料，隔水炖1个小时，加入红枣、冰糖炖10分钟，最后放入枸杞再煲10分钟即可。

养生小课堂

本品能入肺经，滋肺阴而润肺止咳，对病后虚弱、肺虚热、盗汗者能起补虚退热、滋养强壮的作用。建议枸杞于起锅前10分钟放入，既能保持营养也不会过燥。

滋阴润肺

木瓜雪蛤汤

滋阴润肺

⏰ 制作时间：200分钟　🥣 份量：2人份

材料　青木瓜1个，雪蛤40克，银耳20克，红枣10克

调料　冰糖适量

做法　1 青木瓜削皮对切，去籽洗净。

2 银耳用清水浸泡10分钟，重复换水三次，清水洗净沥干备用。

3 雪蛤洗净用温水浸泡，每1小时沥去杂质换水一次，3小时后洗净，沥干备用。

4 红枣浸洗干净，去籽备用。

5 炖盅内放入所有材料注入清水，封膜上盖，隔水炖3小时即可。

养生小课堂

此汤是调理肺虚、燥热、咳喘的好汤品。汤中的雪蛤养肺阴、润肺燥；银耳滋阴润肺、补肺阴；青木瓜养阴润肺、滋润养颜。

冬藏篇——温补为主，养肾祛寒

冬季是自然界万物闭藏的季节，人的阳气也要潜藏于内。由于人体阳气闭藏后，新陈代谢相应较慢，因而要依靠生命的原动力——"肾"来发挥作用，以保证生命活动适应自然界的变化。中医认为，人体的能量和热量来源于肾。冬季的气候特点是寒冷，我们要防止外来寒邪入侵到体内，因此冬季养生应"养肾防寒"，饮食应以温补为主，多食温热，少食寒凉食物。

冬季的气候特点及 进补原则

小寒 大雪 立冬 小雪 大寒 冬至

立冬之后，天气逐渐变冷，日短夜长。此时阳气上升、阴气下降，而致天地不通、阴阳不交、万物失去生机、天地闭塞而逐渐转入严冬。黄河以北地区会出现初雪，提醒人们该御寒保暖了。由于天气逐渐寒冷，人体易患上呼吸道疾病，特别是儿童和老人，很容易引发感冒和支气管炎。此时期要注意保暖，逐渐添加衣物。中医认为冬季是匿藏精气的时节，冬令进补以立冬后至立春前的这段时间最为适宜。

冬季进补应以补肾健身为主，培本固元、增强体质，可多选择补益作用较强、针对虚症的补品。

黑豆

板栗

冬季
进补宜吃的食材与药材

海带

板栗 建议食用量：每次约 300 克

冬季养生重在养肾。随着气温降低，人体内的阳气也开始收敛。板栗性温味甘，入脾、胃、肾经。冬季食用可补肾强腰、养胃健脾。

忌 ▶ 板栗与杏仁搭配会导致胃痛等胃部不适症状。与羊肉同食，不易消化还会导致呕吐。便秘者、产妇、儿童不宜食用。

黑豆 建议食用量：每次约 30 克

黑豆是补肾佳品，其性平味甘，有补肾、暖肠胃、活血化瘀的功效。食用黑豆可调节肾虚，故既可改善血虚，也可促进毛发的生长。

忌 ▶ 儿童不宜食用。

海带 建议食用量：每次约 300 克

海带性寒，归肝、肾经。食用海带可温补肾气。入冬之后日照时间渐渐变短，人体自然获得钙的来源开始减少，此时食用些海带有助于钙的补充。

忌 ▶ 海带搭配猪血会导致便秘，与葡萄同食会减少钙的吸收。而且孕妇、甲状腺功能亢进者均不宜食用。

羊肉

乌鸡

桂圆

羊肉

建议食用量：每次约 200 克

寒冬时节吃些羊肉，可益肾补血，还可促进血液循环、增强御寒能力。另外，冻疮患者、阳虚怕冷者、中老年体质虚弱者均可食用羊肉。

忌 ▶ 感冒发热、高血压、肝病、急性肠炎患者不宜食用。

乌鸡

建议食用量：每次约 200 克

乌鸡性平味甘，有滋阴清热、补肝益肾的功效。其胆固醇、脂肪含量较低，而氨基酸、维生素E和矿物质含量较高，是补肾、补虚的佳品。

忌 ▶ 感冒发热者、咳嗽多痰者、腹胀者、皮肤疾病患者不宜食用。

桂圆

建议食用量：每次约 15 克

冬季人体血液循环差，易感四肢寒凉，此时食用一些桂圆可补气补血，促进血液循环。此外，桂圆还对失眠、心悸、贫血有较好的食疗作用。

忌 ▶ 有上火发炎症状，以及舌苔厚腻、风寒感冒者不宜食用。

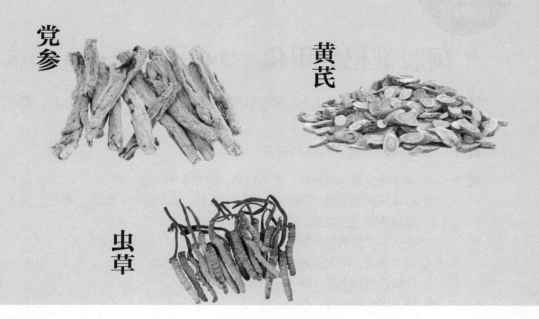

党参

黄芪

虫草

党参 建议食用量：每次约 10 克

党参味甘，性平，具有健脾补肺、益气养血、生津的功效。冬季寒潮来临，补血补气就显得很重要。食用党参可补血御寒及增强机体的免疫力。

忌 有实证、热证者，气滞者，火盛者均不宜服用党参。

黄芪 建议食用量：每次约 15 克

冬季寒冷，体内热气易散失。黄芪有补气固表的功效，所以冬季煲汤放些黄芪，不但可以温补气血，提升体内的阳气，还可以健脾补肺。

忌 急性病、热毒疮疡、食滞胸闷者不宜食用。

虫草 建议食用量：每次约 5 克

虫草味甘性温，有养肺阴、补肾阳、止咳化痰等功效，是平补阴阳的佳品。冬季用虫草煲汤可益肾养阴，还可以增强机体免疫力。

忌 有表邪者不宜食用。

阿胶淮杞炖甲鱼

⏰ 制作时间：130分钟　🥣 份量：6~7人份

材料　甲鱼块600克，淮山、枸杞各10克，阿胶15克，清鸡汤200毫升，姜片少许

调料　盐、鸡粉各2克，料酒10毫升

做法　1 沸水锅中倒入甲鱼块，淋入料酒，略煮汆去血水，捞出。

2 将汆好的甲鱼放入炖盅里，注入鸡汤，放入姜片、淮山、枸杞，加入适量清水，盖上盖，待用。

3 蒸锅中注水烧开，放入阿胶、炖盅，阿胶中加入适量清水。

4 盖上锅盖，用大火炖90分钟，取出阿胶，搅匀。

5 在炖盅里加入盐、鸡粉、料酒。

6 倒入溶化的阿胶，拌匀。

7 盖上盖，续炖30分钟至熟即可。

养生小课堂

阿胶善补血滋阴；甲鱼善滋阴退热；淮山健脾、补肺、固肾、益精，再佐以枸杞煲汤，有阴血双补、固肾益精的作用。

滋阴补血

党参核桃大枣汤

补益肝肾

🕐 制作时间：42分钟　　🥣 份量：3人份

材料　党参20克，猪瘦肉200克，去皮核桃30克，大枣15克

调料　盐2克，鸡粉2克

做法　1　洗好的猪瘦肉切片，备用。

　　　　2　砂锅中注水烧开，倒入处理好的大枣、党参、核桃、瘦肉片拌匀，加盖，用小火煮至熟。

　　　　3　调入盐、鸡粉，煮至食材入味，盛出即可。

养生小课堂

核桃仁补肾固精，大枣保护肝脏，将这两者与滋阴的猪瘦肉、养血的党参一起煲成汤喝，让你的肝和肾都健康！

何首乌丹参桂圆汤

补脾益肾

制作时间：210分钟　　份量：3~4人份

材料　　何首乌20克，丹参20克，桂圆20克，红枣10颗，猪瘦肉300克

调料　　盐适量

做法　　1 何首乌、丹参用清水洗净备用。

2 桂圆洗净用清水浸泡10分钟后，洗净沥干备用。

3 红枣浸洗干净，去籽备用。

4 猪肉用滚水氽烫过后，洗净备用。

5 锅中注入清水，放入所有材料，滚水后转小火煲3小时后，加少许盐，拌匀调味即可。

养生小课堂

此汤品集合了补肾、宁心、养血、补气的中药，其中丹参可宁心安神；何首乌补肝益肾；桂圆、红枣补气血，尤其适宜冬季食用。

花胶党参莲子瘦肉汤

⏱ 制作时间：182分钟　　🥣 份量：2 ~ 3人份

材料　水发花胶80克，瘦肉150克，水发莲子50克，桂圆肉15克，水发百合50克，党参20克

调料　盐2克

做法　1　花胶切块；洗净的瘦肉切块。

2　锅中注水烧开，倒入瘦肉，汆煮片刻。

3　关火，捞出瘦肉，沥干水分，装盘待用。

4　砂锅中注水，倒入瘦肉、花胶、莲子、党参、桂圆肉、百合，拌匀。

5　加盖，大火煮开转小火煮3小时至食材熟软。

6　揭盖，加入盐，搅拌片刻至入味即可。

养生小课堂

党参益气补血，花胶健体益精、滋阴补肾，莲子益肾涩精，此汤很适合体虚者冬天滋补强身。

强身健体

润肺益肾

🌿 虫草香菇排骨汤 ⏰ 制作时间：125分钟 🍲 份量：4人份

材料 排骨300克，水发香菇10克，冬虫夏草10克，大枣8克

调料 盐2克，鸡粉2克，料酒10毫升

做法
1 锅中注水烧开，放入洗净的排骨、5毫升料酒，汆去血水，捞出。
2 砂锅置火上，倒入处理好的排骨、大枣、冬虫夏草，注入清水。
3 淋入5毫升料酒拌匀，煮开后倒入香菇。
4 盖上盖，煮开后转小火煮约2小时至食材熟透。
5 将盐、鸡粉调入锅中，拌匀即可。

养生小课堂

冬虫夏草有滋肺补肾、止血化痰、抗疲劳等多种功效。搭配滋阴补血的大枣，可防治补阳太过而引起的肺燥，滋肺阴而敛气，益肾阳而纳气，适宜肺肾两虚的哮喘患者。

核桃南枣冬菇汤

健脾补肾

⏱ **制作时间：190分钟**　🥣 **份量：3人份**

材料	核桃30克，花生30克，南枣10颗，冬菇10朵，排骨300克
调料	盐适量
做法	1 核桃、花生，用清水洗净备用。
	2 南枣浸洗干净，去籽备用。
	3 冬菇用清水浸泡、挤干，重复数次备用。
	4 排骨用滚水氽烫过后，洗净备用。
	5 锅中注入清水，放入所有材料，滚水后转小火煲3小时后，加少许盐调味即可。

养生小课堂

此汤品中核桃可补肾温肺，南枣可补脾和胃、养血安神，花生利肾通乳。三者炖汤，可以补脾补肾，适用于肾气不足、免疫力需要提升的人。

板栗桂圆炖猪蹄

⏱ 制作时间：80分钟　🥄 份量：4~5人份

材料　猪蹄块600克，板栗肉70克，桂圆肉20克，核桃仁、葱段、姜片各少许

调料　盐2克，料酒7毫升

做法
1 洗好的板栗对半切开。
2 锅中注水烧开，倒入洗净的猪蹄、3毫升料酒，汆去血水，捞出。
3 砂锅注水烧热，倒入姜片、葱段、核桃仁、猪蹄、板栗、桂圆肉，加入4毫升料酒，搅拌匀。
4 盖上盖，用大火煮开后转小火炖1小时至食材熟软。
5 揭盖，加入盐，拌匀至食材入味。
6 关火后盛出煮好的汤，装入碗中即可。

养生小课堂

猪蹄有滋润肌肤、补虚弱、填肾精、健腰膝等功效；板栗可补肾强腰，还可养胃健脾；桂圆补气补血；合为汤能为机体御寒提供热量、健脾补肾。

补肾强腰

166

清炖猪腰汤

补肾益阳

🕐 制作时间：70分钟　　🥣 份量：1~2人份

材料　猪腰130克，红枣8克，枸杞、姜片各少许

调料　盐、鸡粉各少许，料酒4毫升

做法　1 猪腰洗净对半切开，去除筋膜，切上花刀，再切成薄片。

2 锅中注水烧热，放入猪腰片再淋入少许料酒，搅动几下。

3 用大火煮一会儿，至猪腰变色，捞出，沥干水分，待用。

4 取来炖盅，放入猪腰、红枣、枸杞和姜片。

5 注入开水，淋入料酒，盖上盖，静置片刻，待用。

6 蒸锅上火烧开，放入炖盅，盖上盖，用小火炖约1小时。

7 揭开锅盖，取出炖好的食材，加入少许盐、鸡粉搅拌即可。

养生小课堂

红枣补益气血、安养心神；猪腰能补肾益阳；枸杞可滋阴清热、补肝益肾。三者炖汤，可以温肾填精、补气补血。

芥菜胡椒猪肚汤

温中散寒

🕐 制作时间：190分钟　　🍚 份量：2人份

材料　芥菜100克，熟猪肚125克，胡椒粉适量，红枣30克，姜片少许

调料　盐适量

做法　1　芥菜用清水洗净备用。

2　红枣浸洗干净，去籽备用。

3　猪肚切粗条。

4　砂锅中注入清水，放入所有材料，滚水后转小火煲3小时后，加少许盐，拌匀调味即可。

养生小课堂

猪肚味甘，性微温，对于健脾开胃和气血虚损有很好的食补作用。而性温热的胡椒，有暖胃散寒的功效。在寒冷的冬季，喝上一碗能祛风散寒、增强食欲。

补气黄芪牛肉汤

益气补血

⏰ 制作时间：130分钟　　🥣 份量：2~3人份

材料　牛肉120克，白萝卜120克，黄芪8克，姜片、葱花各少许

调料　盐2克

做法　1 锅中注水烧开，放入洗净切好的牛肉，汆至变色，捞出。

　　　　2 砂锅中注入适量清水烧开，放入汆好的牛肉，加入洗净的黄芪，撒入
姜片，拌匀。

　　　　3 盖上盖，烧开后转小火煮约1.5小时后，放入洗净切好的白萝卜，搅拌
均匀。

　　　　4 盖上锅盖，用小火煮约30分钟至食材熟透。

　　　　5 揭开锅盖，加盐，拌匀调味。

　　　　6 关火后盛出煮好的汤料，装入碗中，撒上葱花即可。

养生小课堂

黄芪和牛肉都有补气的功效，对于气虚者来说，巧妙搭配药材和食材，更能起到事半功
倍的补气效果。黄芪对于肾炎水肿症也有一定的辅助作用。

养生小课堂

牛骨具有增强免疫力、温补肾阳、补钙等功效；牛奶可补虚损、益肺胃、生津润肠；合为汤补肾壮阳、补钙、健脾胃。男性可以多食用。

奶香牛骨汤

🕐 制作时间：130分钟　　🥣 份量：6~7人份

材料　牛奶250毫升，牛骨600克，香菜20克，姜片少许

调料　盐2克，鸡粉2克，料酒适量

做法　1 洗净的香菜切段，备用。

2 锅中注水烧开，倒入洗净的牛骨，淋入料酒，煮至沸，氽去血水。

3 把牛骨捞出，沥干水分，装盘备用。

4 砂锅中注入适量清水烧开，放入牛骨，撒入姜片。

5 淋入适量料酒。

6 盖上盖，用小火炖2小时至熟。

7 加入盐、鸡粉调味。

8 倒入牛奶，拌匀，略煮，盛入碗中，放上香菜即可。

大厨献招　牛奶不宜加热太久，以免破坏其营养。另外，加1小勺醋，可以帮助骨头里的钙质稀释到汤中。

桑葚牛骨汤

🕐 制作时间：135分钟　　🥣 份量：6~7人份

材料　桑葚15克，枸杞10克，姜片20克，牛骨600克

调料　盐3克，鸡粉3克，料酒20毫升

做法
1　锅中注水烧开，倒入牛骨、10毫升料酒，煮沸捞出，沥干水分。
2　砂锅中注水烧开，倒入汆过水的牛骨，拌匀。
3　放入洗净的桑葚、枸杞、姜片，淋入10毫升料酒。
4　盖上盖，用小火炖2小时至食材熟透。
5　揭开盖，放入盐、鸡粉，拌至食材入味，盛出，装入碗中即可。

养生小课堂

桑葚有补肝、益肾、熄风等功效，与牛骨合为汤营养美味。尤其适宜肾虚引起的头晕目眩、腰酸耳鸣、须发早白者食用。

补肝益肾

虫草炖牛鞭

补肾壮阳

🕐 制作时间：160分钟　　份量：3 - 4人份

材料　牛鞭400克，牛肉清汤200毫升，枸杞5克，姜片、葱花、冬虫夏草各少许

调料　盐2克，鸡粉3克，料酒适量

做法　1 砂锅中注水，放入姜片、牛鞭，淋入料酒，盖上盖，用大火煮30分钟后，将牛鞭捞出。

2 把放凉的牛鞭切成段后，放入炖盅中，加入姜片、葱花、枸杞。

3 倒入牛肉清汤，放入冬虫夏草，加入料酒、盐、鸡粉，拌匀，盖上盖，备用。

4 蒸锅中注入适量清水烧开，放入炖盅。

5 盖上盖，用大火炖2小时至材料析出有效成分。

6 揭盖，取出炖盅。

7 揭开炖盅的盖子即可。

养生小课堂

冬虫夏草补肾养阴、益气和血，配以壮阳的牛鞭，补肾壮阳、强壮腰膝、益精补髓，尤其适宜男士食用。

淮杞鹿茸炖牛鞭

🕐 制作时间：160分钟　　🍲 份量：3~4人份

材料　牛鞭400克，淮山5克，红枣10克，鹿茸片3克，姜片、枸杞各少许

调料　盐2克，鸡粉2克，料酒适量

做法　1 砂锅中注水，放入姜片、牛鞭，淋入适量料酒。

　　　　2 盖上盖，大火煮30分钟后捞出，切成段，待用。

　　　　3 取一个炖盅，放入牛鞭、鹿茸、淮山、红枣、枸杞、姜片。

　　　　4 倒入适量清水，淋入料酒，盖上盖，待用。

　　　　5 蒸锅中注入适量清水烧开，放入炖盅。

　　　　6 盖上盖，大火煮开后转小火炖2小时至食材熟透。

　　　　7 揭盖，放入盐、鸡粉，拌匀。

　　　　8 再盖上盖，续炖5分钟至食材入味即可。

养生小课堂

此汤汤味醇厚，营养丰富，滋补性强，特别适合肾虚、虚劳精亏、腰膝酸软、血虚萎黄者食疗使用。

当归北芪枸杞桂枣萝卜煲羊肉

⏱ 制作时间：220分钟　🍜 份量：3~4人份

材料　当归10克，北芪15克，枸杞15克，桂圆15克，蜜枣2个，陈皮1角，羊肉300克，白萝卜1条，葱段2条，生姜数片

调料　白酒、盐各适量

做法
1 羊肉洗净切块，白萝卜去皮洗净切块。
2 羊肉冷水下锅，待水滚后血沫膻味除净，捞出洗净备用。
3 当归、枸杞用清水略洗干净，沥干备用。陈皮浸泡5~10分钟，用小刀刮去果皮内白色瓤，洗净备用。
4 其他材料用清水洗净浸泡10分钟，重复2~3次洗净备用。
5 滚水放入处理干净的羊肉块、泡发好的药材及葱、生姜数片，大火烧开加白酒，转中火上盖，煨1小时。
6 煨羊肉的锅中注入八分满水，放入白萝卜，大火至沸腾后转小火续煲2个小时，关火放些许盐调味即可。

养生小课堂

羊肉上火，萝卜去火，共食温补。此汤益气补虚、温中暖下、补肾壮阳、抵御风寒。适合腰膝酸软、困倦乏力、脾胃虚寒者。

益气补虚

温中祛寒

养生小课堂

当归性温，有补血活血、养血、调经止痛等功效；生姜能温中散寒、发汗解表；羊肉能温中补虚。三者配伍温中补血、祛寒止痛。

当归生姜羊肉

⏰ 制作时间：122分钟　　🥄 份量：3～4人份

材料　羊肉400克，当归10克，姜片40克，香菜段少许

调料　料酒8毫升，盐2克，鸡粉2克

做法　1 锅中注入适量清水烧开，倒入羊肉，搅拌匀。

　　　　2 加入料酒，煮沸，汆去血水。

　　　　3 把羊肉捞出，沥干水分，待用。

　　　　4 砂锅注入适量清水烧开，倒入当归和姜片。

　　　　5 放入汆过水的羊肉，淋入料酒，搅拌匀。

　　　　6 盖上盖，小火炖2小时至羊肉软烂。

　　　　7 揭开盖子，放盐、鸡粉，拌匀调味。

　　　　8 夹去当归和姜片，撒上香菜段即可。

大厨献招　羊肉汤炖制时间较长，砂锅中应多放些清水，避免炖干。

🌿 家常羊腰汤

🕐 制作时间：130分钟　　🍲 份量：1～2人份

材料　羊腰子100克，生地黄30克，杜仲20克，水发枸杞15克，核桃仁60克，葱花、姜片各少许

调料　盐2克，鸡粉2克，胡椒粉、食用油各适量

做法
1　羊腰子洗净，切去筋膜，再斜刀切开。
2　锅中注水大火烧开，倒入羊腰子，氽去血水，捞出。
3　热锅注油烧热，爆香姜片，放入羊腰子炒匀，注入适量的清水至没过食材。
4　倒入核桃仁、生地黄、杜仲，再将食材倒入砂锅中，置于灶上。
5　加盖，大火煮开后转小火煮2小时，放入泡发好的枸杞拌匀，加盖续煮至入味。
6　调入盐、胡椒粉、鸡粉后，盛出装入碗中，撒上葱花即可。

养生小课堂

枸杞、杜仲均有温补肾阳的作用，生地黄滋阴，和补肾气、益精髓的羊腰子一起炖汤，对于肾虚劳损、腰脊酸痛等有一定的食疗作用。

莲藕核桃栗子汤

⏰ 制作时间：130分钟　🍲 份量：2 - 3人份

材料　水发红莲子65克，红枣40克，核桃65克，陈皮30克，鸡肉块180克，板栗仁75克，莲藕100克

调料　盐2克

做法　1 洗净的莲藕切块。

2 锅中注水烧开，放入鸡块，氽片刻，捞出，备用。

3 砂锅中注入适量清水烧开，倒入鸡块、莲藕块、红枣、陈皮、红莲子、板栗仁、核桃，拌匀。

4 加盖，大火煮开后转小火煮2小时至熟。

5 揭盖，加入盐。

6 搅拌片刻至入味，关火后盛出煮好的汤，装入碗中即可。

养生小课堂

板栗性温味甘，入脾、胃、肾经，可补肾强腰，搭配核桃、大枣，具有益气补血、养胃健脾等功效。尤其适宜冬季食用。

田七黄芪煲鸡

益气补虚

🕐 制作时间：135分钟　　🥣 份量：2~3人份

材料　田七5克，枸杞5克，麦冬5克，丹参5克，黄芪6克，土鸡块200克

调料　盐适量

做法　1 将田七、黄芪装入隔渣袋，用清水泡发。

2 丹参、麦冬、枸杞分别装入碗中，用清水泡发。

3 锅中注水烧开，倒入土鸡块，汆片刻，捞出。

4 砂锅中注水，倒入土鸡块、泡发隔渣袋、丹参、麦冬，搅拌匀。

5 盖上锅盖，开大火烧开转小火煮100分钟后，倒入泡发滤净的枸杞，拌匀。

6 盖上锅盖，用小火续煮20分钟。

7 调入盐，搅匀盛出即可。

养生小课堂

黄芪是一味补益药物，有益气、补虚、升阳、固表等作用，配合养阴的麦冬、养肝明目的枸杞、活血化瘀的丹参、营养补益的土鸡一起煲汤，汤鲜味美，还有益气活血、补虚养肝的功效。

首乌黑豆大枣鸡汤

⏰ 制作时间：160分钟　　🥣 份量：3～4人份

材料　鸡肉块400克，水发黑豆85克，黄芪15克，桂圆肉12克，首乌20克，大枣25克，姜片、葱段各少许

调料　盐3克

做法
1 锅中注水烧热，倒入洗净的鸡肉块，汆去血水后捞出。
2 砂锅中注水烧热，倒入鸡肉块、洗好的首乌、桂圆肉、大枣和黄芪。
3 倒入洗净的黑豆、姜片、葱段拌匀。
4 盖上盖，烧开后转小火煮约150分钟，至食材熟透。
5 揭盖，加入盐，拌匀、略煮，至汤汁入味。
6 关火后盛出煮好的鸡汤，装在碗中即可。

养生小课堂

黑豆是补肾佳品；何首乌补益精血；黄芪益气补虚；桂圆补气补血；大枣补中益气、养血安神。合为汤能改善血虚，补肾虚。

牛膝杜仲煲乌鸡

补血补肾

⏰ 制作时间：160分钟　🥢 份量：2~3人份

材料　乌鸡块300克，杜仲15克，大枣30克，田七、牛膝、黄芪、党参各少许

调料　盐2克

做法　1 乌鸡块洗净，汆去血水后捞出，待用。

2 砂锅中注水烧热，倒入乌鸡块、洗净的杜仲、大枣、田七、牛膝、黄芪和党参，拌匀。

3 盖上盖，煮约150分钟，至食材熟透。

4 揭盖，加入盐，拌匀，煮至汤汁入味即可。

养生小课堂

杜仲、牛膝都有补肝肾、强筋骨的功效，与乌鸡及其他药材配伍，具有益气养血、补益肝肾等作用，还能养护腰脊健康。

核桃栗子冬菇汤

补肾强筋

⏰ 制作时间：210分钟　🥣 份量：6~7人份

材料　核桃40克，栗子40克，冬菇10朵，百合20克，芡实20克，淮山40克，鸡1只

调料　盐适量

做法
1　核桃、百合、芡实、淮山用清水浸泡10分钟，洗净沥干备用；鲜栗子洗净备用。
2　冬菇用清水浸泡、挤干，重复数次备用。
3　鸡用滚水汆烫过后，去除内脏杂质及剥去鸡皮，清水洗净备用。
4　锅中注入清水，放入所有材料，滚水后转小火煲3小时后，加少许盐，拌匀调味即可。

养生小课堂

冬季养生重在养肾。栗子性温味甘，入脾、胃、肾经。冬季食用栗子可补肾强腰，还可养胃健脾，还能为机体御寒提供热量。

干贝冬菇淮杞红枣花果煲鸡

🕐 制作时间：200分钟　　🥣 份量：3~4人份

材料 干贝3~5粒，冬菇30克，淮山50克，枸杞15克，无花果8颗，红枣5颗，鸡300克，生姜数片

调料 盐适量

做法 1 鸡不斩件汆烫去杂质血水，去除鸡皮过后洗净备用。
2 干冬菇用清水浸软，挤干再浸泡，重复数次洗净备用。
3 枸杞略洗清除杂质后，沥干备用
4 其他材料用清水洗净浸泡10分钟，重复2~3次洗净备用。
5 锅中放水与所有材料，大火滚水后转小火煲3小时，关火放些许盐调味即可。

养生小课堂

淮山是一味极好的养生食材。中医学认为，淮山有健脾、补肺、固肾、益精的功效。汤中加入干贝等其他材料，喝起来清润鲜甜。

西洋参黄芪养生汤

⏱ 制作时间：135分钟　　🥣 份量：2～3人份

材料　西洋参3克，黄芪5克，茯苓5克，枸杞5克，大枣3个，小香菇4个，乌鸡200克

调料　盐2克

做法　1 将茯苓、黄芪装入隔渣袋中，扎紧袋口。

　　　　2 锅中注水烧开，倒入乌鸡块，氽去血水，捞出。

　　　　3 砂锅中注水，倒入乌鸡块、泡发好的大枣、隔渣袋、西洋参、小香菇拌匀。

　　　　4 盖上锅盖，开大火煮开转小火煮100分钟后，放入枸杞拌匀。

　　　　5 盖上锅盖，小火续煮20分钟后，调入盐，搅匀盛出即可。

养生小课堂

西洋参益气补元，黄芪补气固表，佐以滋阴益气的茯苓、滋补肝肾的枸杞、养血安神的大枣，合为汤，疲劳的时候喝一碗，让你恢复精力，元气大增！

益气养血

冬菇桂圆芝麻煲乌鸡

补血养肾

🕐 制作时间：200分钟　　🍲 份量：3～4人份

材料　冬菇30克，桂圆20克，枸杞15克，淮山20克，黑芝麻10克，红枣5颗，乌鸡300克，生姜数片

调料　盐适量

做法　1 黑芝麻洗净后沥干，热干锅不放油，小火炒香芝麻后盛起，磨成粉备用。

2 干冬菇用清水浸软，挤干再浸泡，重复数次洗净备用。

3 枸杞略洗清除杂质后，沥干备用；红枣洗净去籽备用。

4 乌鸡不斩件汆烫去杂质血水后洗净备用。

5 其他材料用清水洗净浸泡10分钟，重复2～3次洗净备用。

6 锅中放入3500毫升水与所有材料，大火滚水后转小火煲3小时，关火放些许盐调味即可。

养生小课堂

此汤有补血养颜、益精明目、滋补肝肾的作用，是典型的女性保健汤。营养美味可口，对身体虚弱、气血亏虚的人有益。

花胶栗子核桃淮杞红枣煲鸡

健脾补肾

🕐 制作时间：200分钟　🥣 份量：4~5人份

材料　花胶2条，栗子25克，核桃25克，淮山25克，枸杞15克，红枣8颗，鸡300克

调料　盐适量

做法　1　花胶先用清水浸泡2小时，令胶质软化。期间每次换水前用冷水冲洗，去除腥味。将加入葱姜的水煮沸后熄火，放入花胶并上盖焖熟。冷却后取出洗净，即可作煮食用。

　　　　2　鸡不斩件汆烫去杂质血水，去除鸡皮后洗净备用。

　　　　3　枸杞略洗清除杂质后，沥干备用；红枣洗净去核备用。

　　　　4　其他材料用清水洗净浸泡10分钟，重复2~3次洗净备用。

　　　　5　锅中放入3500毫升水与所有材料，大火滚水后转小火煲3小时，关火放些许盐调味即可。

养生小课堂

花胶健脾养血、补肾益精；淮山补心安神；栗子健胃厚肠；核桃健脑益智，合而为汤，滋补脾肾、调养气血。

187

补肾益精

养生小课堂

虫草花炖出的汤很鲜，又滋润，是冬天滋补的好食材。其性味平和，不寒不燥，能滋肺补肾、护肝养肝。搭配补肾益精的海参，此汤补肾效力倍增。

海参瑶柱虫草煲鸡

🕐 制作时间：190分钟　🍜 份量：1～2人份

材料　海参50克，虫草花40克，鸡肉块60克，高汤适量，蜜枣、瑶柱、姜片、桂圆、黄芪、党参各少许

调料　盐适量

做法　1 锅中注水烧开，倒入鸡肉块。

2 氽煮2～3分钟，去除血水。

3 将氽煮好的鸡块捞出，沥干水分。

4 把鸡肉块过一次冷水，清洗干净，备用。

5 砂锅中倒入适量高汤烧开，放入处理好的海参，倒入虫草花。

6 倒入备好的鸡肉、蜜枣、瑶柱、姜片、黄芪、党参，搅拌均匀。

7 盖上锅盖，烧开后转小火煮3小时至食材入味。

8 揭盖，加少许盐盛出即可。

大厨献招　药材在煮之前可以用凉水浸泡一会儿，这样能更好地析出药性。

首乌党参红枣乌鸡汤

补肾御寒

🕐 制作时间：190分钟　　🍲 份量：2~3人份

材料　乌鸡块300克，党参20克，红枣4克，首乌20克，姜片少许

调料　盐2克

做法　1 锅中注水烧开，倒入乌鸡块，氽煮片刻。

2 关火后捞出氽煮好的乌鸡块，沥干水分，装入盘中备用。

3 砂锅中注入适量清水，倒入乌鸡块、党参、红枣、首乌、姜片，拌匀。

4 加盖，大火煮开转小火煮3小时至有效成分析出。

5 揭盖，加入盐搅拌片刻至入味。

6 关火，盛出煮好的汤，装入碗中即可。

养生小课堂

这是一款补血补气、补肾御寒的好汤。其中首乌有补益精血、乌须发、强筋骨、补肝肾的功效；党参有健脾补肺、益气养血的功效。

首乌黑豆五指毛桃煲鸡

🕐 制作时间: 190分钟　　🥣 份量: 3~4人份

材料　乌鸡块350克, 核桃仁30克, 水发黑豆80克, 五指毛桃40克, 首乌15克, 姜片少许

调料　盐3克

做法
1 锅中注水烧开, 倒入乌鸡块, 汆煮片刻。
2 关火后捞出汆煮好的乌鸡块, 沥干水分, 备用。
3 砂锅中注入适量清水, 倒入乌鸡块、五指毛桃、核桃仁、黑豆、首乌、姜片, 拌匀。
4 加盖, 大火煮开转小火煮3小时至熟。
5 揭盖, 加入盐, 搅拌至入味。
6 关火后将煮好的菜肴盛出, 装入碗中即可。

养生小课堂

冬季天气寒冷, 外界环境阴盛阳虚, 运动量减少, 身体排出的湿气减少, 此时来一碗健脾化湿、暖肠胃、行气养血、舒筋活络的鸡汤正好。

黑豆核桃乌鸡汤

⏱ 制作时间：190分钟　　🥣 份量：3~4人份

补肾祛寒

养生小课堂

冬季，人体血液循环差，易感四肢寒凉，此时食用一些桂圆、红枣、核桃仁可补气补血、养血补脑，再配以补肾的黑豆、滋阴的乌鸡炖为汤，补肾祛寒的功效更佳。

材料 乌鸡块350克，水发黑豆80克，水发莲子30克，核桃仁30克，红枣25克，桂圆肉20克

调料 盐2克

做法 1 锅中注入适量清水烧开，倒入乌鸡块，汆煮片刻。

2 关火，捞出汆煮好的乌鸡块，沥干水分，装盘待用。

3 砂锅中注入适量清水，倒入乌鸡块、黑豆、莲子、核桃仁、红枣、桂圆肉，拌匀。

4 加盖，大火煮开转小火煮3小时至食材熟软。

5 揭盖，加入盐。

6 搅拌片刻至入味，关火后盛出，装入碗中即可。

大厨献招

如果喜欢甜食，可以加少量冰糖。

花胶瑶柱冬菇鸡汤

⏰ 制作时间：130分钟　　🥢 份量：2～3人份

材料　鸡肉块200克，水发冬菇30克，瑶柱10克，花胶20克，淮山20克，桂圆肉20克，高汤适量，姜片、枸杞各少许

调料　盐适量

做法　1 锅中注水烧热，放入鸡肉块，汆去血水。

2 捞出汆煮好的鸡块，过一次凉水，备用。

3 砂锅中注入适量高汤烧开，倒入鸡块。

4 放入淮山、姜片、桂圆肉、瑶柱、冬菇，搅拌均匀。

5 盖上锅盖，烧开后用小火煮1～2小时至食材熟软。

6 揭开锅盖，倒入花胶、枸杞，搅拌均匀。

7 盖上锅盖，续煮一会儿至花胶略微缩小。

8 加少许盐，关火后将煮好的汤料盛出，装入碗中即可。

养生小课堂

此汤中所用的花胶能滋阴养颜、补肾益精；瑶柱能滋阴、养血、补肾；淮山能补血益肾；桂圆滋养补益，合为汤便是难得的滋阴养颜、补血益肾的食疗良方。

补血益肾

补血补肾

杜仲益肾汤

🕐 制作时间：190分钟　　🥣 份量：4~5人份

材料　菟丝子10克，桑葚10克，杜仲25克，枸杞15克，红枣20克，水发海参150克，鸡肉300克

调料　盐2克

做法　1 锅中注水烧开，放入海参，氽煮片刻，捞出备用。

2 往锅中倒入鸡肉，氽煮片刻，捞出，装盘待用。　．

3 砂锅中注水，倒入鸡肉、海参、杜仲、红枣、枸杞、菟丝子、桑葚，拌匀。

4 加盖，大火煮开转小火煮3小时至食材熟透。

5 揭盖，加入盐，搅拌片刻至入味。

6 关火盛出煮好的汤，装入碗中即可。

养生小课堂

枸杞柔润多液，是一味补养肝肾的佳品，与菟丝子功效相近。杜仲补益肝肾、强筋壮骨，桑葚滋阴补血、补肝益肾。一起煲汤效果更佳。

桂圆枸杞鸽肉汤

益气补肾

🕐 制作时间：135分钟　　🥣 份量：2~3人份

材料　桂圆5克，枸杞7克，陈皮3克，莲子5克，乳鸽1只

调料　盐适量

做法　1 陈皮、枸杞、桂圆肉、莲子分别装碗，加清水泡发。

　　　　2 锅中注入适量清水烧开，倒入处理好的鸽肉，汆去血水，捞出。

　　　　3 砂锅中注水，倒入鸽肉、泡发的莲子、隔渣袋、陈皮，拌匀。

　　　　4 盖上盖，用大火烧开后，转用小火续煮100分钟。

　　　　5 倒入泡发的枸杞、桂圆拌匀。

　　　　6 加盖，小火续煮20分钟后，调入盐后盛出即可。

养生小课堂

桂圆是补气养血、延年益寿的佳品；陈皮能燥湿化痰、理气健脾；莲子养心安神，另外对脾脏也有保护作用。枸杞益精补肾、滋肝明目。此款汤品具有益气补肾、理气健脾等功效。

核桃花生桂枣煲鱼头

祛寒益肾

🕐 制作时间：185分钟　　🥣 份量：3～4人份

材料　鱼头1个，花生50克，核桃40克，红枣30克，桂圆肉20克，茯苓30克，芡实30克，姜片少许

调料　盐2克，料酒、纯牛奶、食用油各适量

做法　1　用油起锅，放入鱼头，煎约2分钟至两面金黄色。

　　　　2　加入姜片、料酒，拌匀。

　　　　3　注水，倒入红枣、桂圆肉、茯苓、芡实、核桃、花生，拌匀。

　　　　4　加盖，大火煮开转小火煮3小时至食材熟透。

　　　　5　揭盖，倒入纯牛奶，加盖，煮片刻至熟。

　　　　6　揭盖，加入盐，稍稍搅拌至入味即可。

养生小课堂

红枣、桂圆肉、核桃仁、花生善补血益气，能改善血液循环；芡实益肾固精、补脾止泻；茯苓健脾和胃、宁心安神，与鱼头合为汤，营养滋补，祛寒益肾。

虫草红枣炖甲鱼

滋阴益肾

🕐 制作时间：70分钟　　🥣 份量：4~5人份

材料　甲鱼600克，冬虫夏草、红枣、姜片、蒜瓣各少许

调料　盐、鸡粉各2克，料酒5毫升

做法　1 砂锅中注入适量清水烧开，倒入洗净的甲鱼块。

2 放入洗好的红枣、冬虫夏草，放入姜片、蒜瓣，拌匀。

3 用大火煮开后转小火续煮1小时至食材熟透。

4 加入盐、料酒、鸡粉，拌匀。

5 关火后盛出煮好的甲鱼汤，装入碗中。

6 待稍微放凉后即可食用。

养生小课堂

甲鱼清热养阴、平肝熄风；红枣补中益气、补血；冬虫夏草滋肺补肾、止血化痰。与生姜一同煮汤食用，能滋阴益肾、补血补气。